地方科技报告

制度建设研究与实践

王辉　黄晓林 ◎ 著

DIFANG KEJI BAOGAO

ZHIDU JIANSHE YANJIU YU SHIJIAN

中南大学出版社

www.csupress.com.cn

· 长 沙 ·

U0642542

　　成熟和完备的科技报告体系是支撑美国科技全面领先的重要基础。我国科技报告制度建设起步较晚，1984 年启动国防科技报告体系建设，2011 年以来国家科技报告制度建设开始引起党和政府的高度重视。2014 年 6 月，习近平总书记在两院院士大会上提出"加快建立健全国家科技报告制度"战略思想。2014 年 8 月 31 日，国务院办公厅转发科技部《关于加快建立国家科技报告制度的指导意见》，要求建立地方和部门科技报告管理机制，建立财政性资金资助的科技项目必须呈交科技报告的制度体系。

　　为贯彻落实国务院办公厅文件精神，进一步规范本省科技计划项目过程管理、实现区域自主创新战略性资源有效积累和长久保存，促进科研成果的开放共享和转移转化，湖南自 2015 年 5 月正式启动科技报告制度建设。9 年多来，湖南省相继出台了《关于加快建立湖南省科技报告制度的实施意见》《湖南省科技计划科技报告管理办法》《湖南省科技报告试点工作方案》《湖南省科技创新计划科技报告管理办法》等科技报告政策文件，创新性构建了立体式省级科技报告政策体系。为协同推进市州、省直部门科技报告制度建设，湖南省加强探索，基于博弈论研究并阐明了省市州科技报告协同推进工作机制和策略，并全面推进全省各市州和有关省直单位的科技报告制度建设，构建了省市协同统一、具备"三层级三模块"结构特征、省级科技项目科技报告与验收报告同平台呈交的综合性科技报告管理平台体系。为加强科技报告撰写规范与质量控制，湖南省率先研制创新人才类、研发平台类、科技合作类等 5 类特殊类型科技计划项目科技报告编写模板，编写科技报告撰写与修改辅助工具软件，并采用层次分析法构建了一套应用性强的科技报告文献质量评价指标体系。为总结、提炼并推广湖南省科技报告制度建设的先进做法和工作经验，特编著《地方科技报告制度建设研究与实践》一书。

本书由王辉、黄晓林主持。黄晓林提出思路，并为主撰写第二至七章。王辉命题，审定写作提纲，为主撰写第三章、第五章、第八章并终审了书稿。参与本书第四至第六章部分章节内容撰写工作的人员有：夏艳红、黄卉、蒋欣宏等同志。本书的编写工作得到了湖南省科学技术厅以及各地市(州)科学技术局、科技报告管理服务机构的大力支持。谨致感谢！由于作者水平有限，书中难免出现错误和疏漏，敬请批评指正。

著 者

2024 年 10 月

目录

CONTENTS

第1章
科技报告制度建设现状

1.1　科技报告概述

1.1.1　科技报告的内涵

科技报告是科学技术报告的简称。关于科技报告的定义，国际标准化组织(ISO)认为科技报告是一种描述科学技术研究过程或结果，或者陈述科学技术问题的文献①。美国国家标准协会定义科技报告是一种用于传递理论基础或实际应用研究的结果、支撑基于这些结果所产生决定的科技文献②。我国国家标准《科技报告编写规则》(GB/T 7713.3—2014)将科技报告定义为：进行科研活动的组织或个人描述其从事的研究、设计、工程、试验和鉴定等活动的进展或结果，或描述一个科学或技术问题的现状和发展的文献。科技报告中包含丰富的信息，可以包括正反两方面的结果和经验，用于解释、应用或重复科研活动的结果或方法。科技报告的主要目的在于积累、交流、传播科学技术研究与实践的结果，并提出有关的行动建议③。国内学者贺德方认为，科技报告是科技人员为了描述其从事的科研、设计、工程、试验和鉴定等活动的过程、进展和结果，按照规定的标准格式编写而成的文献④。

综合国内外组织和学者的观点可知，关于科技报告的定义，目前尚无完全统一的表述，但对构成科技报告内涵的核心要素的认识是一致的、明确的，即科技报告的本质是文献，功能是描述科学技术活动或问题，目的是促进科学技术知识的传播。由此可见，科技报告是指科技人员为了描述其从事的科技活动的过程、进展和结果，按照规定的标准格式

---

① ISO/TC 46/SC 9, ISO Committee Draft 5966 Information and documentation — Guidelines for the presentation of technical reports [Revision of ISO 5966: 1982.

② National Information Standards Organization, ANSI/NISO Z39. 18 - 2005 Scientific and Technical Report - Preparation, presentation, and preservation.

③ 中国国家标准化管理委员会. GB/T 7713.3—2014, 科技报告编写规则[S]. 北京: 中国标准出版社, 2014.

④ 贺德方. 科技报告资源体系研究[J]. 信息资源管理学报, 2013, 3(1): 4-9, 31.

编写而成的文献。科技报告产生于各类科研项目的研究活动中，详细记载了项目研究工作的全过程，包括成功的经验和失败的教训，是一种继图书、期刊、专利、标准、档案等文献类型之后出现的一种独特的文献类型，它在记述技术的先进性、实用性等方面具有独特的优势，是促进科学技术迅速发展的一种重要信息资源。

1.1.2　科技报告的特点

（1）新颖性

科技报告伴随科研工作的推进而产生，大部分科技报告是对科研项目研究的学术性陈述，因此能及时反映科研过程进展和技术进步成果，代表项目研制的最新状况和水平，体现项目的创造性内容。科技报告编写可以不受科研项目周期节点的限制，可以在科研项目的实施过程中随时形成和提交，不必等到项目结束。同时，科技报告编审限制少，作者只需要按照标准编写即可，不需要经过专家评审和专业编辑环节，公开发表周期短。因此，科技报告能反映最新的科学研究进展和结果，快速地实现共享交流，具有较强的新颖性。

（2）翔实性

科技报告内容覆盖科研活动全过程，可以在各阶段、各方向产生专题报告、进展报告、年度报告、管理报告以及最终报告等，能较为真实、准确、详尽地反映科研活动，同时可以包括不适宜公开发表的关键技术、核心技术、工艺方法等涉限、涉密信息，以及附件图表数据、中间结果数据，甚至是失败的结果数据等。同时科技报告侧重于事实，一般是单篇发行，只有格式要求，篇幅不限，可以是几页，也可以是几十页甚至数百页，篇幅长短完全取决于报告所述研究内容的多少，作者有充足的篇幅详细记载和描述科研活动各个方面的技术细节，包括大量的图表和原始数据。因此，相比期刊论文等公开文献上发表的研究成果，科技报告记录和描述的科研内容更加翔实。

（3）规范性

科技报告一般都有固定的编写格式要求，以便于编写、管理、交流与收藏。例如美国出台有 NISO 标准《科技报告的编制》，我国也出台有国家标准《科技报告编写规则》等，对科技报告的各项元数据格式和内容要求进行规范。常见的科技报告由前置部分、正文部分和结尾部分三个元素构成，其中前置部分主要包括题名、编号、辑要页信息、摘要、目录，正文部分主要包括引言、主体、结论、参考文献，结尾部分包括附录和索引等。规范统一的编写格式使科技报告便于管理，突出内容翔实、论述完整、可读性强的特点。同时，科技报告有统一的编号规则，每篇科技报告的编号具有唯一性，且永久不变，使科技报告便于管理与共享交流。

（4）有限可获取性

科技报告一般都由政府部门进行强制征集和管理，其编写、管理和使用制度要求比较严密，实行有限开放共享政策。政府部门负责相关政策法规和规章制度的制定，科技报告的收集、加工和共享交流具体委托情报资料部门或信息部门负责，承担政府科技项目的科研人员负责科技报告的撰写。科技报告实行密级管理制度，有不同的密级划分和使用范围限制，其中公开的科技报告向全社会开放共享，延期公开和涉密的科技报告在受限时间和范围内传播。我国还对报告内容传播进行了分级管理，其中摘要信息无条件向全社会开放共享，全文信息浏览需实名制登记，保留了浏览痕迹的可追溯性[①]。

1.1.3　科技报告的作用

（1）强化科研资源积累

科技报告完整真实地记录了科技人员从事科研活动全过程的研究原理、研究方法、研究过程和经验结论，是对科研论文和科研档案缺失内容的有力补充，具有极高的研究参考价值。科技报告的产生和扩散过程也是知识的积累、继承、创新过程，运行良好有效的科技报告撰写、提交、管理和利用制度，对科研过程中产生的科技创新战略性资源进行有序积累、完整保存、开放共享和充分利用，不仅可以避免科研项目成果分散于个人或项目承担单位手中而造成的科研成果资产流失，还可为科研人员的科技创新提供资源保障，提高后继研究的技术起点，对提高全社会科研效率和科研投入效益具有重要作用。

（2）规范科研项目管理

科技报告为科技项目管理提供了有效的管理手段和凭证。在项目立项阶段可用于立项调研分析，避免重复投入。在项目实施过程中可用于监督和检查科研进展和结果，实现对科技成果真实性和创新性检验，督促科研人员如期保质完成科研任务。同时科技报告可以展示科技项目研究的实际水平和进展，并反映项目承担单位的研发实力，是科技人员科研业绩的重要体现形式。将科技报告的呈交纳入科技项目结题验收的考核内容，有利于对科技人员绩效和贡献作出客观评价，对科技产出效果作出全面评估。

（3）辅助产业技术分析

科技报告包括题名、作者、摘要、技术领域、所属项目等丰富的基本信息，以及项目执行过程中的大量技术细节信息，同时，科研项目除产出科技报告外，还可产出论文、专利、标准、软件以及奖励等成果。将这些成果进行关联，采用文献计量、数据挖掘和主题分析的方法对其中信息进行交叉统计和综合分析，有利于全面分析某个区域和产业发展的现状，发现其中的关键核心技术，识别技术发展的趋势、状态和路径，同时发现领域内的优秀科学家和科研团队，有利于实施人才引进政策。

（4）促进科技成果转化

在推行科技报告制度建设以前，我国科研活动中形成的大量科技信息以档案形式分散保存在各个单位，很难得到充分利用。科技报告有效促进了机构知识和技术的持续积累，强化了隐性知识的记载与分享，避免了技术和知识随着时间流逝或者人员变动而流失，大大增强了机构技术演进提升的能力。科技报告具有时效性强、内容全面新颖、易于检索等特点，便于在不同范围内交流利用，同时目前我国已建设国家统一的科技报告管理系统，并对社会实行有条件的开放共享制度，科研机构、企业和社会公众都可以从科技报告中了解到科技成果的相关信息，从而有利于促进科技成果转化为现实生产力。

---

① 邹大挺，沈玉兰，张爱霞. 关于建设中国科技报告体系的思考[J]. 情报学报，2005（2）：131-135.

（5）增进科研诚信

科技项目形成的科技报告不仅是科研过程和科技成果的完整记载，同时也是科研团队科研能力、创新水平和学术作风的真实反映。开放共享的科技报告是科技管理部门实施政务公开的重要信息内容，同时也在一定程度上形成对科研项目尤其是重大科研项目实施绩效公示的效果。同时，审核合格的科技报告，面对社会公众进行开放共享，可以满足社会公众对国家科技投入和科技发展的知情权和监督权，增加科研工作的透明性，促进科研人员树立诚信务实的科学精神，防范学术不端行为发生的风险，有利于构建积极健康的科研生态环境①。

1.2 国外科技报告制度建设现状

科技报告制度的出现本质上是源于受控的科学技术知识爆发式增长，产生了许多供内部交流使用的科研记录、文件、摘要、备忘录、总结报告等，虽然部分科技资料可以政府出版物形式公开发行，但科技成果资料的管理工作比较分散。第二次工业革命之后，发达国家对系统管理海量科学技术知识的需求日益迫切，在这些科学技术知识的系统收集整理和受控传播工作实践中，科技报告制度开始萌芽，因此国外科技报告制度建设起步较早。目前美国、英国、日本、欧盟等发达国家和组织都建立了符合自身实际的科技报告制度，开展了科技报告收集、审核与共享利用等工作，如美国著名的四大政府报告、英国的 UKAEA 和 ARC 报告、法国的 CEA 报告、德国的 RVR 报告、加拿大的 AECL 报告等②。

1.2.1 美国

美国是世界上最早建立科技报告制度的国家。随着第二次工业革命进程的推进，科学技术进步日新月异，科技活动产生了大量的科研记录和研究报告，为促进这些记录和报告中科学技术知识的有效传播，1895 年美国政府开始发布《美国政府出版物》月报。月报中包含了经统一编号整理的各类科技报告③，这标志着美国科技报告正式形成。而后美国科技报告逐渐积累，涉及的行业范围也越来越宽。

在第二次世界大战期间，由于军事研究和情报收集，美国政府掌握的科学技术资料迅速增长。据统计，"二战"期间共收集和编目科技报告 3.2 万份，成为科技报告体系中的原始材料④。"二战"结束后，V.布什在给罗斯福的报告中建议公开出版包括科技报告在内的技术资料⑤，这促成了科技情报出版委员会的成立，此机构作为美国国家技术信息服务局（NTIS）的前身，专门从事国内外科技报告的收集、管理、出版和发行工作。此后，各部门

① 贺德方.科技报告的内涵、作用与管理机制[J].情报学报，2014，33(8)：788-792.
② 熊三炉.关于构建我国科技报告体系的探讨[J].情报科学，2008(1)：150-155.
③ 刘祥元.美国政府出版物月目录介绍[J].情报理论与实践，1993(4)：50-51.
④ 石颖.美国科技报告制度的经验和启示[J].科技管理研究，2014，34(10)：34-37.
⑤ 布什，等.科学：没有止境的前沿[M].范岱年，等译.北京：商务印书馆，2004：79-82.

又陆续成立了各自领域的科技报告工作管理机构。例如：1946 年，美国能源部（DOE）成立科学技术信息办公室，负责管理能源领域科技报告的收集、管理和服务工作；1951 年，美国国防部（DOD）成立武装部队技术情报局，负责管理国防部及三军系统的科技报告工作；1958 年，美国航空航天局（NASA）成立科学技术情报局，负责管理航空航天领域的科技报告工作。

目前，美国已建成世界上规模最大、内容最丰富、管理最完善的政府科技报告管理体系，形成了著名的 PB、AD、NASA 和 DE 四大政府科技报告。其中商务部 PB 报告由 NTIS 直接出版，国防部 AD 报告、航空航天局 NASA 报告和能源部 DE 报告实行密级管理，由各自管理机构负责具体保密和解密工作，公开解密的科技报告交由 NTIS 出版发行。随着计算机网络技术的快速发展，美国科技报告的呈交、处理和收藏逐步实现了数字化、网络化。2009 年，NTIS 建成国家技术报告图书馆（NTRL）并投入使用。该图书馆为电子图书馆（图 1-1），收录了美国 1964 年以来的 270 余万篇公开科技报告，其中有 60 余万篇 PDF 格式的全文报告，可以通过网络经 IP 认证订阅和使用，查询方式类似 Google 搜索引擎。图书馆每个工作日都进行更新①。美国每年公开发行的科技报告达 6 万多篇，作为 NTIS 重要的数据产品，均由国家技术报告图书馆（NTRL）通过网络对外提供共享服务。

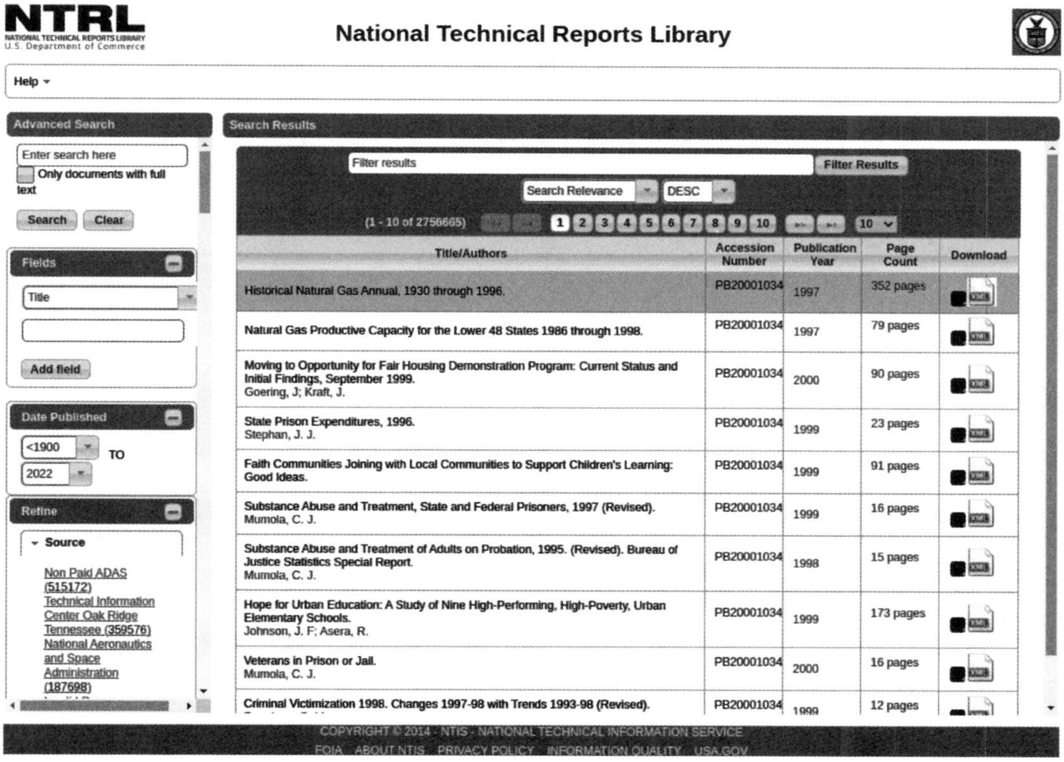

图 1-1　美国国家技术报告图书馆（NTRL）

---

① 胡红亮，王维亮，于洁. 网络时代的科技报告体系建设探讨[J]. 科技管理研究，2007，27（8）：49-51.

在科技报告政策法规层面，美国政府并没有出台专门的科技报告政策法规体系，关于科技报告的相关工作要求大多出现在与之相关的政策文件中，并且建立了"联邦政策法规—部门规章制度—项目承担单位规章制度"的三级法规制度体系。例如，《国家技术信息法案》规定：NTIS 是美国科学、技术工程信息的收集、处理和传播中心。《美国技术卓越法》规定，美国联邦机构必须及时向 NTIS 提交联邦资助的研发活动产生的公开的科学和技术报告副本。《美国联邦采购法规（FAR）》规定，联邦政府资助的研究与开发项目都必须向 NTIS 提交合格的科技报告。《科学技术报告：准备、描述和保存》（ANSI/NISO Z39.18）标准（图 1-2）：该标准是美国科技报告编写标准，详细规定了科技报告的编写规范，是指导

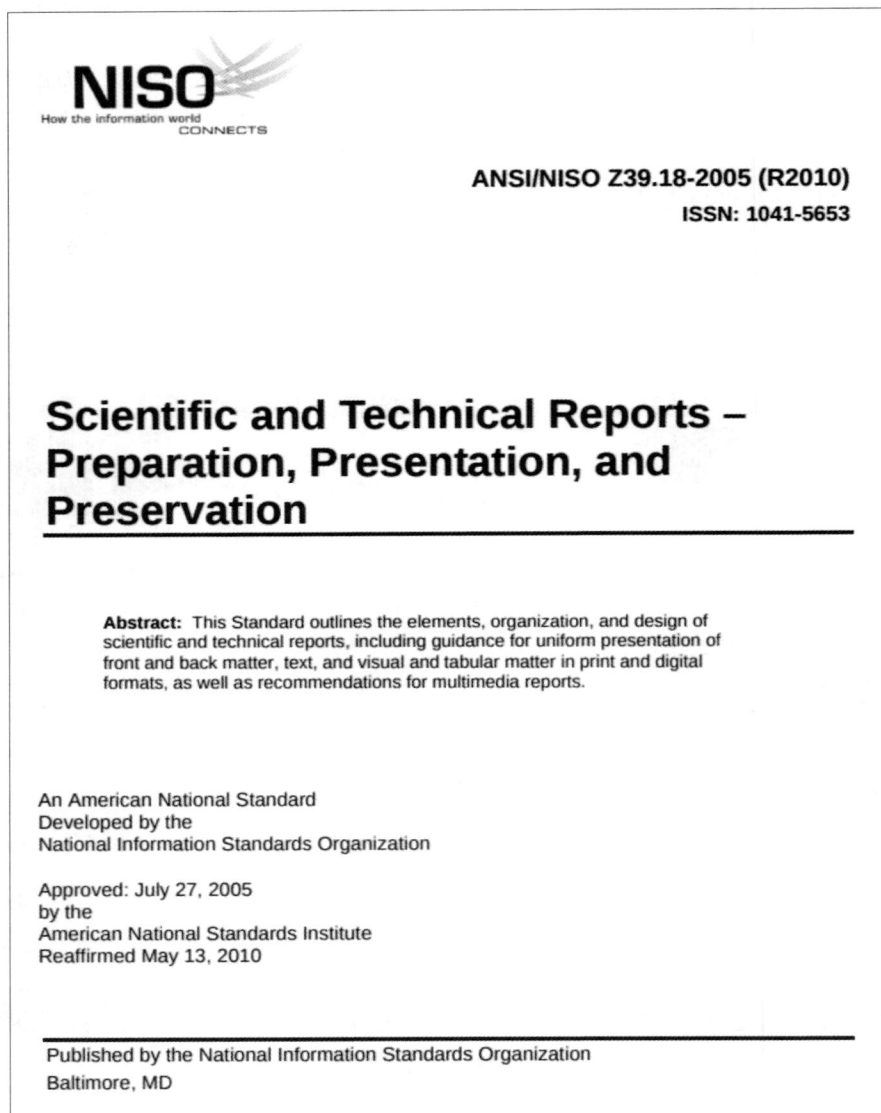

图 1-2　美国科技报告编写国家标准

美国科技报告工作实践的重要指南。部门规章如能源部《科技信息管理细则》规定，受财政资助项目的科技报告必须交付，并规定提交的信息类型、内容以及科技信息相关审查、发布的流程等。基层科研单位的《圣地亚国家实验室科技报告及信息产品编写指南》参照能源部要求，明确了圣地亚实验室科技报告的撰写规范、格式及密级审查分类等要求。科技报告政策分散嵌入科研管理、信息资源管理等相关法规制度之中，且多级政策法规之间相互关联，共同形成了美国科技报告政策法规体系①②③。

1.2.2　英国

英国没有统一的科学技术组织管理机构，其科技管理体系表现为松散型的管理模式，大致分为议会、内阁的科技管理机构，政府各部门的科技管理机构两大层次，因此英国的科技报告主要由大英图书馆负责收藏，且大部分科技报告分散在科研院所、大学、政府和企业。

2000 年以前，英国因为对科技报告等灰色文献的重视程度不够，科技报告的出版发行由开展科技报告研究工作的公司和机构所控制，无法向外流通，因此难以鉴别、查找和获取。2002 年，英国开展访问灰色文献收藏项目(Managing Access to Grey Literature Collections, MAGIC)，通过建立新的协作体系收集、存储和利用工程灰色文献，提高科技报告的认知度、访问量和使用率，使科技报告成为英国电子资源持续发展的一部分。此后，英国的科技报告管理工作得到快速发展，大英图书馆的馆藏科技报告数量显著上升，数字化水平明显提高。大英图书馆是英国系统收集科技报告最大的机构，其采集的英国报告文献都被收入国家报告(National Reports)库。根据英国呈缴制度规定，英国出版发行单位必须将灰色文献缴送大英图书馆入藏，全国学术单位必须将各种报告、会议论文集等送大英图书馆典藏。目前，大英图书馆每年大约收集 19000 份科技报告，并对外提供多种网络化服务。

英国的科研机构和大学使用国际标准 ISO 5966—1982(E)作为科技报告撰写格式。英国虽然没有专门针对科技报告的政策法规，但建立了较为完备的信息政策法规体系。国家颁布的有关科技报告的法案包括《信息自由法》《数据保护法》《公众档案法》《知识产权法》《版权法》《研究资助条款与条件》等④⑤。

①　赵俊杰. 美国科技报告体系建设概况[J]. 全球科技经济瞭望, 2013, 28(3): 1-7.
②　石颖. 美国科技报告制度的经验和启示[J]. 科技管理研究, 2014, 34(10): 34-37.
③　钟凯, 宋立荣. 美国科技报告质量法规制度及对我国的启示[J]. 中国科技资源刊导, 2017, 49(2): 12-17, 101.
④　吴蓉, 顾立平, 曾燕. 英国科技报告制度调研与分析——支持科技报告存储与传播的政策环境[J]. 图书情报工作, 2015, 59(21): 76-82, 95.
⑤　侯人华, 刘春燕, 杜薇薇. 科技报告制度体系与形成模式研究[J]. 情报理论与实践, 2014, 37(1): 51-54.

1.2.3　日本

第二次世界大战后，日本制定了科学技术立国战略，其国内研究和开发水平得到显著提升。为加强国内大量成果情报的收集，促进在全国范围内流通共享，日本 1957 年就设立了专门负责科学技术情报交流的机构——日本科学技术情报中心（Japan Information Center of Science and Technology，JICST），把图书情报作为信息交流、情报获取的重要手段①。1996 年，日本科学技术情报中心与新技术事业团合并，以科学技术振兴事业团名义运营。2003 年，其作为独立行政法人科学技术振兴机构（Japan Science and Technology Agency，JST）运营。

日本科学技术振兴机构规定了"科学技术报告格式"。一个项目通常要求提交 2 份甚至多份科技报告，报告通常须提交到出资者的相应主管部门。根据项目合同或规程，须在项目年度结束的 60 天内提交中期报告，在项目结束后的 60 天内提交终期报告。根据出资单位的不同，日本研究报告的提交处有所不同。文部科学省、日本学术振兴会的科学研究资助项目的研究报告数据通常提交到科学技术振兴机构和国立情报学研究所，研究报告的文本则提交到国会图书馆保存。通常，大学、国立试验研究机构、独立法人、特殊法人等机构的研究报告数据会提供到 JST。日本中央政府投入巨资搭建研究成果应用综合数据库、支持研究开发的综合目录数据库和日本环球数据库，收集日本的研究人员及其研究的相关资料等。JST 录入被收集文献的资料名、标题、著者名、摘要和关键词等基本信息，将研究报告等灰色文献整理加工成数据库，并对外提供借阅等多种网络化服务。

日本有关科学技术报告的构成要素、撰写规范、原则等可见于 SIST 09《科学技术报告的形式》（*Presentation of Scientific and Technical Reports*）。日本跟英国一样，没有专门针对科技报告的政策法规，但围绕科学技术立国战略和知识财产立国战略，日本相继出台一系列国家层次的促进和规范科技报告工作的法律②③，如《科学技术基本法》《科学技术基本计划》《大学等机构的技术转移促进法》《研究交流促进法》《知识产权战略大纲》《知识产权基本法》《国家研究开发评价实施办法大纲指南》等。

1.2.4　欧盟等国际组织

作为世界上最大的经济一体化组织，欧盟非常重视区域科技发展。欧盟在科研项目进行中非常注重对科技报告等科技资源的收集、保存、管理以及共享、利用，以使科技资源在欧盟范围内得到更加广泛的传播和利用。欧盟负责科技报告政策制定和管理的机构主要是欧盟委员会（简称"欧委会"）。欧委会下设的研究和创新总司、联合研究中心负责具体的科技项目管理与实施。欧盟将科技报告作为一种管理工具，用来检测科技项目是否进

① 李远红，唐素蓉. 日本科技情报事业发展思考[J]. 决策咨询通讯，2008(4)：65-66.
② 魏龙. 日本科技体制的改革措施[J]. 技术与创新管理，2008(5)：217.
③ 顾海兵，李讯. 日本科技成果评价制度及借鉴[J]. 上饶师范学院学报，2005(1)：37-39.

入了正轨,项目承担方是否按照合同规定的时间表实施项目等。欧盟并没有科技报告集中统一提交的规范和程序,一般根据项目所属框架计划及其子类的不同,如伽利略计划、尤里卡计划、地平线 2020 等,需要提交科技报告的类型、时间和程序等都不尽相同。在管理流程上,欧盟科研项目科技报告提交与资金申请密切联系,因此科技报告的呈交与财务报告一般是同步进行的。欧盟框架计划项目所需提交的科技报告分为两类,即项目进行中产生的定期报告和完成时形成的终期报告。欧盟委员会负责对提交的科技报告进行审查,合格后方可拨付项目资金或准许项目结题。欧盟对科技报告的收集实行分散与集中相结合的方式,通过各个国家信息中心或国家图书馆督促作者收集、整理本国的科技报告,然后再统一集中传递到欧盟灰色文献中心,科研人员可通过该灰色文献系统查阅到科技报告相关信息,从而实现欧盟科技报告的开放共享[1][2]。

此外,国际标准化组织(ISO)在 1982 年也发布了科技报告编制的国际标准《科学技术报告编写格式》(ISO 5966—1982)。该标准以有利于传播为目的,规定了提交科学和技术报告的通用形式,给出了编制有利于读者理解或促进信息系统中报告信息交互处理的统一标准规则,为各国编制自己的科技报告制度和编写标准提供了参考。

1.3　国家科技报告制度建设现状

1.3.1　国家科技报告工作发展历程

科技报告是在第二次世界大战后迅速发展起来的,我国科技报告工作起步较晚,1964 年才开始国防科技报告体系建设的探索工作,民口的科技报告管理体系建设相对滞后。总体来说,我国科技报告工作的发展历程大致可分为四个阶段。

1.3.1.1　探索阶段(1960—1983 年)

这一阶段,我国科技报告工作总体处于萌芽状态。

中华人民共和国成立后,科学研究在内的各项工作逐渐步入正轨,科学技术资料的规范收集和利用逐渐受到重视,彼时美国早已建立科技报告发行机构,科技报告资源也已形成规模[3]。1964 年,包括钱学森等多名科学家呼吁建立自己的科技报告工作体系,而后一些国防部门开始着手抓科技报告工作,但后来因"文革"而被迫中断[4]。国内图书情报工作探索以对国外先进经验的学习和借鉴为主,图书情报机构在此阶段主要提供了一些国外科技报告的目录摘编和检索工作,包括美国的 AD、PB、DE、NASA 四大报告,英国 ARC 报

①　许燕,杜薇薇. 欧盟科技报告的政策与管理[J]. 科技管理研究, 2016, 36(19): 45–51.
②　周萍,刘海航. 欧盟科技报告管理体系初探[J]. 世界科技研究与发展, 2007(4): 94–100+89.
③　张爱霞. 美国能源部科技报告管理和服务现状分析[J]. 图书情报工作, 2007(1): 89–92.
④　张铣清. 对发展中国科技报告工作的探讨[J]. 中国科技论坛, 1995(6): 35–38.

告，法国 CEA 报告和德国 DVR 报告等①②③。

1.3.1.2　启动阶段（1983—2011 年）

此阶段的特征是国防科技报告工作的全面启动和民口的科技报告在摸索中前进。

一方面，国防科技报告（简称 GF 报告）率先从构想进入实施阶段。1983 年，原兵器工业部发布《兵器工业科技报告管理条例》，开始对科研、设计、生产、教学以及组织管理活动中产生的兵器工业科技报告（简称 BG 报告）进行规范管理④，这是我国国防领域也是国内首个关于科技报告的专门性政策文件。1984 年，原国防科工委发布《关于建立中国国防科技报告系列的暂行规定》，开始系统性地收集国防科技报告。而后《国防科技报告编写规则》（JGB 567—88）、《中国国防科学技术报告管理规定》等文件对国防科技报告管理进行了规范，并于 1996 年成立了中国国防科技报告管理办公室⑤。同时，国防领域的兵器、核工业、航天、航空、船舶、电子等行业也均设立了各自的行业科技报告管理办公室，制定了行业国防科技报告管理规定和实施细则。经过多年建设，国防科技报告法规制度和工作管理体系已较为完善，并且出版了《中国核科技报告文摘》⑥和《航天科技报告》⑦等知名科技报告文摘刊物。

另一方面，民口科技报告在摸索中前进。1987 年国家标准《科学技术报告、学位论文和学术论文的编写格式》（GB 7713—87）发布，对民口科技报告形式进行了规范。1991 年原国家科委成立了中国科技报告管理办公室，并起草了《中国科技报告管理办法》（征求意见稿），出台了相关技术标准，但是由于体制机制的束缚，政策和经济环境的变化，加上财政投入支持有限，最终处于停滞状态。在此期间，各科研单位虽有可转化为科技报告的成果产生，但是基本处于分散、搁置甚至流失的状态⑧⑨。此阶段，民口科技报告体系整体进展缓慢，部门分割阻碍资源共享，科技资源难以有效利用。

1.3.1.3　加速推进阶段（2011—2017 年）

此阶段国家科技报告重新得到重视，相关工作迅速推进。

2011 年 5 月，国务院原总理温家宝在科协第八次全国代表大会作关于科技发展问题的报告时提到我国的科技报告体系建设进展不顺利的问题，这是此阶段的开端。该报告得到科教界人士的积极响应，同年，冯长根、饶子和、许智宏、钟南山等 30 余名院士、专家发表题为《建立国家科技报告体系势在必行》的联名文章，呼吁国家加强统筹规划，建立系统

① 沈迪飞. 谈谈我国图书馆应用计算机的起步问题[J]. 图书馆学通讯，1979(2)：66-71.
② 刘立雪. 我们是怎样用主题键词处理科技报告的[J]. 图书情报工作，1981(4)：13-18.
③ 陈馨武. 科技报告在高校教学和科研中的作用[J]. 高校图书馆工作，1982(4)：30-31.
④ 佚名. 兵器工业科技报告管理条例(试行)[J]. 兵工情报工作，1983(Z1)：22-26.
⑤ 国防科技报告管理办公室. 国防科技报告是国防科技发展的重要资源[J]. 航空科学技术，2004(1)：11-14.
⑥ 高金玉. 中国核科技报告资源体系探索[J]. 图书情报工作，2018, 62(S1)：39-43.
⑦ 张典耀, 郭子云. 谈谈航天科技报告的管理工作[J]. 航天工业管理，1993(3)：10-13.
⑧ 刘宝元. 科技报告管理工作亟待加强[J]. 中国信息导报，1994(5)：9.
⑨ 熊三炉. 关于构建我国科技报告体系的探讨[J]. 情报科学，2008(1)：150-155.

完善的国家科技报告体系①。此后《中共中央 国务院关于深化科技体制改革 加快国家创新体系建设的意见》和《国务院关于改进加强中央财政科研项目和资金管理的若干意见》等数个重要政策文件也都提出要建立国家科技报告制度。自此，科技部将此项工作列为重点任务，并作为钉钉子工程予以推进实施。政府部门和科教界对科技报告的重视上升到了前所未有的高度，开通的国家科技报告服务系统如图 1-3 所示。

图 1-3　开通的国家科技报告服务系统

　　为加快推进科技报告工作，2013 年科技部发布《国家科技计划科技报告管理办法》（简称《管理办法》，下同），开始在国家科技计划项目中试点科技报告工作，2014 年科技部发布《关于建立国家科技报告制度的指导意见》（简称《指导意见》，下同），标志着国家科技报告由试点状态进入全面启动状态②。同年，《科技报告编写规则》（GB/T 7713.3—2014）、《科技报告编号规则》（GB/T 15416—2014）等 4 个科技报告编写国家标准发布，科技报告相关标准制订完成；国家科技报告服务系统正式上线运行，开始对公众提供科技报告开放共享服务。此后，国家和各省市都开展了大范围的科技报告政策宣讲和撰写培训会，各省

---

①　冯长根，饶子和，王陇德，等. 建立国家科技报告体系势在必行[J]. 科技导报，2011, 29(21)：15-16.
②　荀玥婷，乔振，高巍，等. 我国科技报告政策现状[J]. 科技管理研究，2017, 37(19)：47-52.

市也相继建立了各自的科技报告服务系统。在科技部的积极推进和督促下,2017年底,全国已有29个省级行政区发布科技报告建设意见或管理办法等政策文件,25个省级行政区建立了地方科技报告服务系统,覆盖全国的科技报告组织管理机制和工作体系已基本形成。

1.3.1.4 完善阶段(2018年至今)

此阶段科技报告制度建设日趋完善,科技报告工作进入纵深发展,覆盖面、精细化等逐渐成为工作重点。一是省级科技报告工作的覆盖面日益扩大。大多数省份开始科技报告工作时,以重大、重点项目为切入点进行试点,而后逐渐拓宽到省级一般项目、自然科学基金项目、软科学项目等,广东、浙江等部分省份已经实现了省级财政支持的科技计划项目全覆盖。二是市级科技报告工作的试点和推进。目前已有广东、湖南、浙江、山东等省市开展了市级科技报告工作的试点和推进工作,但总体而言,受市级财政经费和科技报告资源收益外部性影响,市级科技报告工作推进相对较为缓慢。三是科技报告工作的精细化管理。这包括面向特殊类型科技报告的撰写指导、科技报告政策和撰写培训的常态化开展、科技报告工作管理服务过程的优化完善、科技报告质量控制和科技报告资源深度挖掘利用途径的探索等。

1.3.2 我国科技报告工作特点

1.3.2.1 体系完善

在我国,科技报告是自上而下开展的,分为国家、省和地市三级,三级政府已经形成了上下贯通的政策制度体系和关联紧密的工作组织体系。

在政策制度层面,国家发布的《指导意见》对国家科技报告制度的建设总体要求、组织管理机制、持续积累和开放共享、科技报告工作环境等提出了指导意见;同时出台《管理办法》,对国家科技计划科技报告的职责分工、工作流程、开放共享与权益保护、保障条件等进行了明确。大部分省(市、自治区)也积极响应,参照国家政策并结合自身省情实际,出台了与各自省级科技计划相对应的实施意见或管理办法,少数省属地市还出台了与市级科技计划相对应的实施意见或管理办法。

在工作组织层面,科技报告工作采取"政府部门主管、委托第三方机构承担"的形式开展。国家科技报告工作由科技部牵头领导,科技部委托中国科学技术信息研究所负责具体工作;省级科技报告工作由省科技厅(市科委)作为主管部门,委托省级情报机构或生产力促进中心负责具体工作;地市级科技报告由市科技局主管,市科技局直接负责或委托相关第三方机构负责具体工作。同时,科技报告工作依托科技报告系统展开,国家建有科技报告服务系统,各省也基本建有省级科技报告服务系统。全国的科技报告服务系统形式基本统一,各系统的科技报告数据通过汇交机制,最终汇总到国家科技报告服务系统,对全社会开放共享。此外,上级主管部门和委托机构通过组织政策宣讲会、培训会等形式,为下级主管部门和委托机构提供业务指导培训,保障了政策的一致性。

1.3.2.2　标准统一

我国的科技报告均有规范的形式要求,其中国防科技报告参照《国防科技报告编写规则》(JGB 567—88)国家军用标准编写,民口的科技报告参照《科技报告编写规则》《科技报告编号规则》《科技报告保密等级代码与标识》《科技报告元数据规范》4 个国家标准编写。统一的编写标准使科技报告在结构形式上较为统一。从结构上看,完整的科技报告由前置部分、正文部分和结尾部分三大部分构成,其中前置部分为基本信息,科技管理部门人员可从此部分了解报告相关的概况信息,并进行分类汇总分析。正文部分为研究内容的学术性描述,包括引言、主体、结论和参考文献 4 个部分,便于其他科研人员对报告所涉及的创新成果进行研究学习和参考借鉴。结尾部分包括附录、索引等,主要用于丰富和佐证报告正文内容。从分类上看,主要分为最终报告、进展报告、专题报告和组织管理报告,全国的科技报告基本可纳入以上 4 个分类。基于后发优势,我国科技报告的规范性、完整性等都要高于美欧等国家的科技报告。

1.3.2.3　覆盖面广

科技报告产生于科技项目的研究活动中,我国的科技报告工作对科技项目覆盖广泛。从科技活动类型上看,目前科技报告已经覆盖从纯理论基础研究到技术成果转移转化多个类型的科技项目,具体包括科技重大专项、重点研发计划、自然科学基金、创新平台建设、科技人才培育、成果转移转化支持等多类科技计划项目。从项目级别来看,目前科技报告实现了对国家、省和地市三级科技计划项目不同程度的覆盖,具体包括国家和省级大部分科技项目及部分地市级的重点项目。同时,国家发布的《指导意见》明确提出,财政性资金资助的科技项目必须呈交科技报告,社会资金资助的科研活动自愿呈交科技报告。从实际情况来看,提交科技报告的基本上是受财政资金支持的科技项目。在具体操作层面,只有获得科技报告呈交入口权限的项目负责人或科研人员才能进入系统提交科技报告。因此,科技报告的呈交范围不仅覆盖面广,且非常明确。

1.4　地方科技报告制度建设现状

地方科技报告主要包括省级科技报告和市级科技报告。我国地方科技报告制度建设晚于国家科技报告制度建设,基本上是在我国科技报告工作加速推进阶段才开始启动实施。2014 年,国家在发布的《指导意见》中提出,要在相关地方和部门先行试点,建立地方和部门科技报告管理机制。这是首个明确提出建立地方科技报告制度的国家政策文件。同年,为贯彻落实该文件,山东、浙江、安徽、辽宁、四川、陕西作为首批 6 个试点省份,启动了地方科技报告制度建设工作。2015 年 4 月,科技部在成都召开"国家科技报告制度建设推进会"后,各省市相继加快推进了地方科技报告工作,包括:出台各自的地方科技报告实施意见、管理办法、建设方案等政策文件,为地方科技计划项目的科技报告管理提供了政策依据;积极组建工作队伍,建立线上工作群组,开发部署地方科技报告制度建设必需的基本工作服务平台,强化科技报告工作能力保障;深入下级部门和基层科研单位,开展科技报告政策宣讲和科技报告撰写培训,编写科技报告工作指南材料,促进科技报告政策与技能普及等。

经过多年的建设推进与运行管理,截至 2024 年 7 月,除港澳台外,全国 30 多个省区市均开展了地方科技报告制度建设,实现了省级科技计划项目的基本覆盖,各省市向国家科技报告系统累计上传汇交科技报告约 17.29 万篇。但各省区市在政策出台、系统上线和报告上传等具体情况方面存在一定的差异,大部分省区市的省级政策既有指导性的实施意见(方案)也有具体工作的管理办法,少数省份只有实施意见(方案)或管理办法;在系统建设上,部分省份的系统与国家科技报告系统、本省科技计划管理系统的数据对接、交互上存在功能缺失或不够完善的问题。除此之外,广东、浙江、湖南、山东等省区市还探索开展了市级科技报告建设工作,实现了市级科技计划重点项目的覆盖,但总体来讲,这部分工作进度远落后于国家和省级科技报告制度建设,仍有大量工作待进一步研究和落实。各省区市科技报告制度建设情况如表 1-1 所示。

表 1-1　各省区市科技报告制度建设情况

序号	省区市名称	实施意见(实施方案)出台情况	管理办法出台情况	地方系统上线情况	汇交科技报告数量/篇
1	北京	—	√	√	3182
2	天津	—	√	—	—
3	河北	√	√	√	6168
4	山西	√	√	√	3231
5	内蒙古	—		√	310
6	辽宁	√	√	√	1665
7	吉林	—	√	√	78
8	黑龙江	√		√	784
9	上海	—	√	√	7821
10	江苏	√	—	√	11174
11	浙江		√	√	13068
12	安徽	√	√	√	4304
13	福建	√	√	√	7668
14	江西	√	—	√	534
15	山东	√	√	√	17770
16	河南	√	—	√	5933
17	湖北	√		√	7850
18	湖南	√	√	√	5349

续表1-1

序号	省区市名称	实施意见(实施方案)出台情况	管理办法出台情况	地方系统上线情况	汇交科技报告数量/篇
19	广东	—	√	√	29752
20	广西	√	√	√	6550
21	海南	—	√	√	—
22	重庆	—	√	√	—
23	四川	—	√	√	11293
24	贵州	√	√	√	—
25	云南	√	√	√	2050
26	西藏	√	√	√	59
27	陕西	—	√	√	13454
28	甘肃	√	√	√	3442
29	青海	√	—	√	514
30	宁夏	√	√	√	362
31	新疆	√	√	√	3847

注：√表示已开展，—表示不详或未开展。

第2章

地方科技报告制度建设理论基础

2.1 公共产品理论

公共产品理论是公共管理学的经典理论之一,从其萌芽到沉淀完善,已有300多年历史。公共产品理论思想最早可见于17世纪大卫·休谟(David Hume)的公共地块案例相关表述①。1919年,埃里克·林达尔(Erik Lindahl)提出的林达尔均衡是关于公共产品的最早理论成果之一,该理论阐述了公共产品的价格形成和产品供给机制②。1954年,萨缪尔森(Paul Samuelson)给出了公共产品的经典定义,即每一个人对这种产品的消费并不减少任何他人也对这种产品的消费的一种产品③。明确了非竞争性的特征,并提出了公共产品最优供给一般均衡条件。而后理查德·马斯格雷夫(Richard Musgrave)引入公共经济学的思想,提出了混合产品(准公共产品)的概念④,詹姆斯·布坎南(James Buchanan)则将政治决策分析与经济学理论结合,提出了公共选择理论⑤。在公共产品供给上,目前的主流思想是多元供给论,认为政府和私人部门均可提供公共产品,政府利用财政收入提供公共产品,应当服务于公民。

公共产品具有三个显著的特征,即效用的不可分割性、消费的非竞争性和收益的非排他性。

科技报告作为准公共产品,其收益的显著外部性,决定了科技报告需要公共部门通过一定的制度约束组织科研人员完成,科技报告形成的过程为公共部门提供管理效益,大量科技报告汇聚而成的科技报告文献数据库也为全社会提供了创新资源。科技报告制度作

---

① THOMSON J R. High integrity systems and safety management in hazardous industries[M]. Amsterdam: Elsevier Inc., 2015: 281-292.

② VEGA-REDONDO F. Efficiency and nonlinear pricing in nonconvex environments with externalities: A generalization of the Lindahl equilibrium concept[J]. Journal of Economic Theory, 1987, 41(1): 54-67.

③ BATINA R G. Public goods and dynamic efficiency: The modified Samuelson rule[J]. Journal of Public Economics, 1990, 41(3): 389-400.

④ EECKE W V. Adam Smith and Musgrave's concept of merit good[J]. The Journal of Socio-Economics, 2003, 31(6): 701-720.

⑤ ROBERTS P C. Idealism in public choice theory[J]. Journal of Monetary Economics, 1978, 4(3): 603-615.

为政府提供公共服务的工具手段，其包含的科学技术、资金支持、政策优惠、准入权利等内容也属于典型的公共产品或准公共产品。科技报告制度的出台和完善，是政府主导多方参与的公共选择，是一种动态的政治过程。

2.2　长尾理论

长尾这一概念最早是由美国《连线》杂志总编辑克里斯·安德森（Chris Anderson）于2004年在互联网深刻影响人们生产生活方式的背景下提出，安德森认为，只要存储和流通的渠道足够大，需求不旺或销量不佳的产品共同占据的市场份额就可以和那些数量不多的热卖品所占据的市场份额相匹敌甚至更大[①]。长尾理论与二八定律关系密切，但两者非相互对立，长尾理论是对传统理念下重视主流模式的补充与完善[②]。长尾理论适用的市场具有如下特征：非热卖品，市场上的产品以满足小众个性为目的；单一特征的商品市场狭小，任何单品只满足一小部分消费者，多种这样的单品共同汇聚成一个大市场；品种繁多，各种特征的商品数量繁多，处于供应富足状态[③]。虽然长尾理论提出的时间较晚，但长尾现象长期存在于人们生产生活中，长尾理论在电子商务[④]、传媒传播[⑤]、银行业[⑥]、电信业[⑦]、图书情报[⑧]、旅游业[⑨]等行业有着广泛的应用。

长尾理论在图书情报领域中有着广泛的研究。当前图书市场图书品种高度丰富，读者不再满足于热门大众图书，而更倾向于体现个性化需求的冷门小众图书，数量庞大的冷门小众图书构成了图书市场的长尾[⑩]，不仅如此，长尾现象甚至普遍存在于图书馆服务的读者群体、资源使用和资源需求上[⑪]。Web2.0 和长尾理论为图书馆提高资源的利用和发掘资源的内容，提供了新的思维方式和服务模式，为更好地匹配资源的供给和需求，需要将两者结合创建一个长尾平台[⑫]。对于高校图书馆来说，衡量其核心竞争力的客观标准不应该仅仅是满足常规的、大众的文献需求，而是能否健全"整个长尾"信息资源体系并最大限度地提供给每类用户，即以传统图书馆馆藏为中心的信息服务模式应逐渐向以用户为中心

①　克里斯·安德森. 长尾理论[M]. 乔江涛，译. 北京：中信出版社，2006：10-12.
②　刘艳苏，桂秀梅. 二八定律与长尾理论在现代图书馆的共生应用[J]. 现代情报，2009，29（8）：40-42.
③　李佩佩. "长尾理论"的内涵与应用分析[J]. 东南传播，2008（2）：74-75.
④　王艳丽，都继萌，王帆. 电商 B2C 模式下长尾理论的应用探索[J]. 商业经济研究，2017（17）：66-68.
⑤　瞿敬渤. 长尾理论和小众传播在互联网传播中的应用[J]. 科技与创新，2014（12）：135，137.
⑥　张华. 长尾理论在商业银行客户关系管理中的应用探讨[J]. 海南金融，2012（3）：67-69.
⑦　曾智洪，李锐. "二八"与"长尾"：中国电信运营商的战略营销——以中国移动 M 市公司为例[J]. 重庆科技学院学报（社会科学版），2012（12）：82-85.
⑧　孙红卫. 长尾理论在图书馆服务中的应用[J]. 情报杂志，2008（8）：105-107.
⑨　马宏丽. 长尾理论视域下河南旅游产业盈利模式创新研究[J]. 河南工业大学学报（社会科学版），2018，14（2）：50-55.
⑩　余丁. 数字时代图书的长尾分析与运作[J]. 编辑之友，2016（4）：27-30.
⑪　孙红卫. 长尾理论在图书馆服务中的应用[J]. 情报杂志，2008（8）：105-107.
⑫　陈锦红. 基于长尾理论的图书馆服务的深化[J]. 情报资料工作，2010（5）：86-88.

的、个性化的长尾信息服务模式过渡①。普通高校中小型图书馆，在图情服务全局上是信息服务活动中份额不重的"尾巴"，可采取利用"特色"馆藏和灵活的麦当劳服务模式进行服务，充分利用文献传递机制，以达到虽为长尾，但长而不衰、长而不竭的服务效应②。同时，在情报领域，长尾理论使竞争情报搜集的思想和方法得到新的拓展③。

在图书情报领域实践中，长尾理论的应用也有许多经典的案例。Amazon 网络书店突破了传统书店货架的限制，数量巨大的图书都被管理人员赋予多种类型和关键词，从而让一件件小众产品有了让需要自己的用户找到的机会。Google 则完全打破分类的概念和传统图书馆物理空间的局限，给用户提供了"无尽选择"，用户得以在海量的信息中找到自己的所需，那些之前被束之高阁的信息，也因此有机会找到自己的用户。豆瓣网根据用户的喜好，从浩瀚的书海和影音资料中找到用户感兴趣的资料，通过这种方式，让用户的视野逐渐从大众领域转向小众(个性)领域，从而完成用户个人充满趣味的"发现"之旅④。

科技报告作为文献资源的一种，虽然不能与期刊、报纸、图书等文献的供应量和需求量相提并论，但是作为特种文献资源，仍然有其存在价值，尤其是对于从事相关领域研发和探索的人，如军工、航空航天、应用技术开发与改进等，具有重要价值，甚至是刚性需求，是主流文献资源的重要补充，具有典型的"长尾"特性。

2.3　资源建设模式相关理论

科技报告资源建设是一项庞大的工程，需要多维的理论支撑，文献资源建设模式常见理论有读者决策采购(PDA)理论、存取理论、共建共享理论和开放获取理论等。

2.3.1　读者决策采购(PDA)理论

读者决策采购又称需求驱动采购，图书文献服务机构根据读者的实际需求与使用情况决策图书文献购入，是一种新兴的图书采购模式。读者决策采购参照传统的纲目购书或阅选购书方式设定购书范围，书商提供规范的图书记录文档，图书馆把图书记录导入图书馆自动化系统，读者通过系统查到书目记录后，点击链接直接阅读电子书，或者要求提供印刷本，由图书馆统一付费购买⑤。早期的读者推荐购书、馆际互借请求采购等模式是读者决策采购的雏形，Web2.0 及社会网络的出现为读者决策的图书采购推进提供了技术基础。读者决策的图书馆藏书建设可以明显改善图书馆的馆藏特色，增强图书馆服务的深度和针

---

① 张红萍. 基于长尾理论的文献资源建设和服务[J]. 图书馆理论与实践，2011(8)：82-83，87.
② 胡大敏，姜艳凤，张丽，等. 基于长尾理论的期刊情报建设与服务实证研究——个案分析在长春师范学院的实现[J]. 情报科学，2011，29(3)：350-353，358.
③ 江树青. 基于 Web2.0 的竞争情报信息搜集工作研究[J]. 大学图书情报学刊，2008(4)：62-64.
④ 苏海燕. 基于"长尾理论"的图书馆服务模式[J]. 情报资料工作，2007(3)：46-48.
⑤ 胡小菁. PDA——读者决策采购[J]. 中国图书馆学报，2011，37(2)：50.

对性，提高馆藏质量①。PDA 模式实际上是一种弱人工智能的运作方式，随着其不断发展和优化，功能会更加强大，更大限度发挥读者的采购决定权，使读者在文献资源建设中更占主导地位，图书馆所购文献资源将更加贴近读者的需求②。读者决策采购实践在国内图书馆通常以"你选书、我买单""你看书、我买单""你阅读、我付款"等活动形式出现。截至 2020 年，广东科技图书馆、内蒙古图书馆、江苏图书馆、广东顺德图书馆、铜陵市图书馆、金陵图书馆、嘉兴图书馆、扬州图书馆、广元图书馆等国内众多图书馆均推出了以读者决策采购的形式让读者参与图书采购③。PDA 模式与传统的资源采购模式相比，尊重了读者的阅读主体地位与决策权，资源购买针对性强，所采资源利用率高，增强了馆藏资源建设效益④。

科技报告文献资源建设始于科研人员对科技项目成果文档进行收集加工，以便研究参考的工作需求。科技报告文献资源的形成，需要政府充当"图书馆"的角色为图书采购支付费用，即投入公共财政资金建设科技报告资源。同时，在科技报告资源建设过程中，原则上面向所有科技项目，但是具体何种类型的科技项目需要提交科技报告，一是看该类型科技项目是否存在研究开发内容，二是看该类型科技项目形成科技报告的研究参考价值有多大，能否满足科研"读者"的阅读需求。

2.3.2　共建共享理论

在图书情报领域，共建共享理论明确的萌芽可追溯至始于 8 世纪的馆际互借(ILL)和兴起于 19 世纪的合作建设藏书(CCD)活动。20 世纪，随着图书馆藏书规模的不断扩大和计算机技术的发展，虚拟电子化图书文献日渐增多，文献传递(DD)和商业化文献传递(CCD)开始出现，促使存取与拥有概念被明确提出⑤。存取一般是指利用其他成员馆或信息提供者的信息资源来满足本馆用户信息需求的行为。拥有则是指通过收藏信息资源满足本馆用户乃至网络用户的信息需求行为⑥。存取和拥有作为两个相对的概念，其确立积极地改变了图书馆发展观念、藏用观和图书馆合作或协作的模式，共建共享的理念贯穿其中。

随着学术出版商业化程度加深，期刊价格不断上涨，商业出版垄断使得知识和信息的交流成本越来越高，引起人们对现有学术交流系统越来越强烈的不满，于是国际科技界、学术界、出版界、信息传播界为推动科研成果利用网络自由传播而发起了开放存取(OA)运动⑦。开放存取，亦称开放获取，《布达佩斯倡议》将其定义为："开放获取文献是

① 张甲，胡小菁. 读者决策的图书馆藏书采购——藏书建设 2.0 版[J]. 中国图书馆学报，2011，37(2)：36-39.
② 林曦，赵大志，杨成，等. 基于人工智能的高校图书馆智慧服务模式探析[J]. 四川图书馆学报，2018(5)：25-29.
③ 刘莉. 公共图书馆读者决策采购实践创新与思考——以深圳市福田区图书馆为例[J]. 大学图书情报学刊，2020，38(2)：77-80.
④ 张哲. PDA 背景下高校图书馆文献资源建设研究[J]. 图书馆研究与工作，2021(9)：62-66.
⑤ 范并思，王巍巍. 从合作藏书到存取——理论图书馆学视野中的文献资源建设[J]. 大学图书馆学报，2003(2)：26-29，35.
⑥ 罗竹莲. 拥有与存取理论在图书馆信息资源建设中的应用[J]. 兰台世界，2008(16)：62-63.
⑦ 初景利. 开放获取的发展与推动因素[J]. 图书馆论坛，2006(6)：238-242.

指在互联网上公开出版的，允许任何用户对其全文进行阅读、下载、复制、传播、打印、检索或链接，允许网络蜘蛛对其编制索引，将其用作软件数据或用于其他任何合法目的，除网络自身的访问限制外不存在任何经济、法律或技术方面的障碍的全文文献。"[1]开放访问包括两层含义：一是指学术信息免费向公众开放，它打破了价格障碍；二是指学术信息的可获得性，它打破了使用权限障碍。开放获取已成为图书文献资源共建共享的重要趋势之一。

资源共建共享是一种图书情报的工作方式，伴随图书情报工作存在而存在，其实质上具有互惠性[2]。图书文献资源共建共享理论作为 20 世纪世界图书馆学最重要的学术思想之一，在世界图书馆学情报学界具有广泛而深刻的影响[3]。美国的联机计算机图书馆中心（OCLC）、我国的国家科技图书文献中心（NSTL）和高等教育文献保障系统（CALIS）均是遵循共建共享原则建立起来的文献资源互助服务网络体系[4]。

科技报告源于科研项目实施过程中，最终目的是为后续的科研工作提供研究参考。科研人员既是科技报告的生产者，又是科技报告的使用者，科研管理部门在其中起着组织科研人员有序撰写提交报告，汇聚海量科技报告文献资源，并促进其共享交流的作用。科技报告文献资源是在科技管理部门主导下，由各个行业和各个领域的科研人员共同建设的。目前我国大部分公开的科技报告均已实现了电子化虚拟存取，分别收藏于国家和各地方的科技报告系统中，面向全社会有条件地开放共享，科研人员可实名查阅科技报告相关的基本信息和全文内容。

2.4 演化博弈论

传统的博弈论强调参与者必须是理性的，且博弈的整个过程中博弈方不允许犯错误，每个决策阶段都是完全理性的。这种严格理性的要求限制了博弈论在对实际问题研究中的应用范围。其原因是在许多决策问题中，人不是完全理性的，更不可能每个决策阶段都保持理性。演化理论是一种生命科学理论，该理论以达尔文的生物进化论和拉马克的遗传基因理论为思想基础。演化博弈论是博弈论与演化论的结合，演化理论与博弈论结合产生的演化博弈论摒弃了博弈论完全理性的假设，不仅能够成功地解释生物进化过程中的某些现象，同时它比博弈论能更好地分析和解决管理学问题。

约翰·纳什（John Nash）的"群体行为解释"被认为是最早的演化博弈思想理论成果。他认为，不需要假设参加者有关于总体博弈结构的充分知识，也不要求参加者有进行任何复杂推理的期望和能力，只需假定参加者能够积累关于各种纯策略被采用时的相对优势的信息，纳什均衡就可达到。演化博弈论能够在各个不同的领域得到极大的发展应归功于约翰·斯密斯（John Smith）与乔治·普莱斯（George Price），他们提出了演化博弈论中的基本

① 宫平，杨溢. 开放存取环境下我国图书馆发展路径研究[J]. 图书馆建设，2007(1)：21-24.
② 喻丽. 图书馆资源共享研究现状分析及思考[J]. 图书馆工作与研究，2015(3)：4-8.
③ 杨文祥，王秀亮，夏跃军. 文献信息资源共建共享的历史回顾与现实任务[J]. 大学图书馆学报，2000(2)：31-36.
④ 黄筱玲. 我国文献信息资源共建共享若干问题的思考[J]. 图书馆，2006(2)：56-60.

概念演化稳定策略(ESS),是演化博弈论理论发展的一个里程碑,从此以后演化博弈论迅速发展起来。20 世纪 80 年代,随着对演化博弈论研究的深入,许多经济学家把演化博弈论引入经济学领域,同时对演化博弈论的研究也开始由对称博弈向非对称博弈深入,并取得了一定的成果。20 世纪 90 年代以来,演化博弈论的发展进入了一个新的阶段,乔根·W. 威布尔(Jorgen W. Weibull)系统完整地总结了演化博弈论[1]。目前,演化博弈论已经在经济学[2]、政策学[3]、生态学[4]、行为学[5]、新闻传播学[6]等传统学科研究中广泛应用,成为其中有力的理论分析工具。

　　一般的演化博弈理论具有如下特征:它的研究对象是随着时间变化的某一群体,理论探索的目的是理解群体演化的动态过程,并解释说明为何群体将达到的这一状态以及如何达到。影响群体变化的因素既具有一定的随机性和扰动现象,又有通过演化过程中的选择机制而呈现出来的规律性。大部分演化博弈理论的预测或解释能力在于群体的选择过程,通常群体的选择过程具有一定的惯性,同时这个过程也潜伏着突变的动力,从而不断地产生新变种或新特征。根据演化博弈理论可建立演化博弈模型,并可知演化博弈模型有如下几个特征:第一,以参与人群体为研究对象,分析动态的演化过程,解释群体为何达到以及如何达到这一状态;第二,群体的演化既有选择过程也有突变过程;第三,经群体选择下来的行为具有一定的惯性[7]。

　　科技报告在我国是一项自上而下推动的工作,从政策制定到组织实施的各个环节中存在多个参与主体,科技报告制度建设是一个持续渐进的过程。虽然自上而下的推行政策具有一定的强制性,但是不可否认,与所有的政策一样,科技报告政策在实际组织实施的过程中存在多方参与动态博弈的情况,政府部门的推行力度、科研单位的配合程度、科研人员的主观意愿、整体的科研环境氛围等都会影响科技报告工作的实际效果。

2.5　全面质量管理(TQM)理论

　　质量是产品和服务的生命,全面质量管理(TQM)作为一种有效的系统化管理工具,其管理理论和方法在企业经营、科研管理、图书情报等领域有着广泛的应用。全面质量管理来源于产品领域内的质量管理活动经验和理论的不断提升[8],通用电气质量管理专家阿曼德·费根堡姆(Armand Feigenbaum)于 1961 年在其《全面质量管理》中首先提出了全面质量管理的概念:全面质量管理是为了能够在最经济的水平上,并考虑到充分满足用户要求的

①　王文宾. 演化博弈论研究的现状与展望[J]. 统计与决策, 2009(3):158-161.
②　易余胤, 刘汉民. 经济研究中的演化博弈理论[J]. 商业经济与管理, 2005(8):8-13.
③　王维国, 王霄凌. 基于演化博弈的我国高能耗企业节能减排政策分析[J]. 财经问题研究, 2012(4):75-82.
④　冷碧滨, 涂国平, 贾仁安, 等. 系统动力学演化博弈流率基本人树模型的构建及应用——基于生猪规模养殖生态能源系统稳定性的反馈仿真[J]. 系统工程理论与实践, 2017, 37(5):1360-1372.
⑤　易余胤, 肖条军, 盛昭瀚. 合作研发中机会主义行为的演化博弈分析[J]. 管理科学学报, 2005(4):80-87.
⑥　陈福集, 黄江玲. 基于演化博弈的网络舆情传播的羊群效应研究[J]. 情报杂志, 2013, 32(10):1-5.
⑦　易余胤, 刘汉民. 经济研究中的演化博弈理论[J]. 商业经济与管理, 2005(8):8-13.
⑧　何乃绍, 刘航平. 全面质量管理:从产品到服务[J]. 江苏商论, 2005(3):102-103.

条件下进行市场研究、设计、生产和服务,把企业内各部门研制质量、维持质量和提高质量的活动构成为一体的一种有效体系①。全面质量管理包括组织成员的广泛参与、满足顾客的需要、不断改进组织管理和服务、高层管理者的认同和支持、团队精神、策略性规划等核心要素②。管理效果受质量领导、质量体系、质量文化、质量保证、过程控制、质量信息系统、质量理念、质量设计、技术研发、人员管理和员工参与等因素的影响③。美国质量管理专家爱德华·戴明(Edwards Deming)结合过程管理和质量控制,提出的 PDCA 循环是全面质量管理的基本方法,该方法由计划(plan)、执行(do)、考核(check)、修正(action)等具体阶段组成。PDCA 循环体现了"实践—认识—再实践—再认识"的认识规律,适用于几乎所有管理领域,构成了使用资源的过程中将输入转化为输出活动(或一组活动)的一个过程,形成管理过程的闭环④。

科技管理是指为了实现知识与技术的创新所开展的设计与开发研发流程,管理研发团队促进知识与技术转移的活动,包含对整个科技活动复杂的组织协调和管理。全面质量管理应用到科研管理中的,能够有效提升研发和管理效率⑤。科技报告作为伴随科研项目实施而产生的特种文献,具有重要的技术积累、交流、经济等价值,科技报告质量不仅能反映科研项目的执行效果,而且影响着技术积累程度和科技成果转化程度⑥。因此,加强科技报告产出的审核前、审核中和共享后等多个环节的全面质量管理,对提高后续科技报告的呈交质量、促进科技计划项目的精细化管理、深化科研诚信管理等均具有积极意义⑦。

---

① 施小平. 试论高校毕业论文(设计)的全面质量管理[J]. 高教探索,2006(4):62-64.
② 党秀云. 公共部门的全面质量管理[J]. 中国行政管理,2003(8):31-33.
③ 何桢,赵玉忠. 全面质量管理中的关键影响因素分析[J]. 统计与决策,2008(12):164-166.
④ 龚裕,张国兵. 基于 PDCA 理论的中国大学绩效管理体系研究[J]. 国家教育行政学院学报,2012(11):64-70.
⑤ 方勇,郑银霞. 全面质量管理在科研管理中的应用与发展[J]. 科学学与科学技术管理,2014,35(2):28-38.
⑥ 乔振,薛卫双,魏美勇,等. 基于 PDCA 循环的科技报告全面质量管理[J]. 中国科技资源导刊,2017,49(2):18-24.
⑦ 陈洁. 科技报告质量管理评价体系研究[J]. 中国科技资源导刊,2019,51(2):55-60.

第 3 章
地方科技报告制度建设模式与机制

　　地方科技报告制度建设是一项复杂的系统工程，需要政府部门和各科研机构的多方配合，以期建立包含法规工作、组织架构、标准格式、收藏共享相结合的科技报告服务体系模式①。

3.1　政策体系建设模式

　　科技报告的产生、加工、收藏、管理、发布共享的过程涉及政府部门、科研单位、科研人员和公众等多元主体，管理好科技报告工作需要构建符合多方利益，共同遵守的规程或行动准则的政策制度体系。完整的科技报告政策制度体系由一系列科技报告相关法令、措施、条例及约定俗成的行为规范等构成，这些制度互相配合构成一个完整的体系结构，使科技报告能够有序、有效积累，开放共享的过程中使其潜在价值得到充分利用②。

　　地方科技报告政策法规必须遵照国家的相关政策法规，不仅要明确科技报告作为科技信息资源的战略地位，同时，必须对科技报告的撰写、呈交、收藏和共享作出原则要求，同时还必须将科技报告工作纳入各级各类科研管理程序中。因此，地方科技报告制度政策体系涉及的主体和内容丰富，具有政策层级、类型和内容等方面的多维性。在政策层级上，地方科技报告体系可以建立地方法规、行政规章、部门制度、基层制度四级联动的政策法规体系。在政策类型上，"地方法规"主要包括省人大立法部门通过的科技法规（如各地方实施的《中华人民共和国促进科技成果转化法》）、办法或实施细则等，以从法律的高度明确科技报告的战略资源地位；"行政规章"包括以省政府或省政府办公厅名义制定出台的关于科技报告工作的规章，如实施意见等，以在全省范围内部署和推动科技报告工作；"部门制度"包括省政府科技主管部门或行业管理部门单独或联合印发的有关科技报告的管理办法、规定等，如《省科技计划科技报告管理办法》等，用以布置科技报告工作任务，提出科技报告工作的具体要求；"基层制度"包括各个市州及项目承担单位根据本地方有关科技报告制度的规章制度，结合各自的实际制定的相应的实施细则或实施办法等，以便组织

---

①　李晓琦，吕金. 辽宁省科技报告建设模式初探综述[J]. 科技资讯，2017，15(8)：224-225.
②　侯人华，刘春燕，杜薇薇. 科技报告制度体系与形成模式研究[J]. 情报理论与实践，2014，37(1)：51-54.

本地、本单位开展科技报告工作①。在政策内容上，包括总体目标、管理体系、组织分工和工作流程等方面。同时，科技报告政策还体现了科技报告建设的阶段性、开放的等级性、收藏的层次性、服务的层次性等特征②。地方科技报告政策体系框架如图3-1所示。

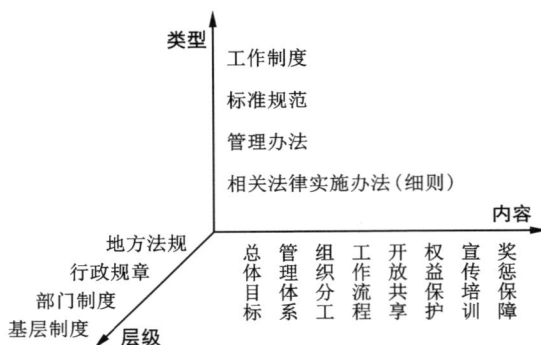

图3-1　地方科技报告政策体系框架

3.2　组织体系建设模式

3.2.1　参与主体

科技报告工作需要多方协作、共同参与，主要参与主体包括各级政府部门、委托机构、科研单位、科研人员和社会公众等。

（1）政府部门

在我国，科技报告工作是国家"自上而下"推行的一项基础性工作。政府是科技报告工作的政策制定者，政府的目标是通过开展科技报告工作实现国家、地方科技战略性资源的持续积累、完整保存和开放共享。在科技报告工作中，存在中央政府、省级政府和市级政府三个层级。中央政府是全国科技报告工作的最高权威和宏观决策者，统筹全国科技报告工作，但同时也直接负责国家级科技项目的科技报告管理工作。省级政府在开展科技报告工作中体现为在上级政府的政策指导下，建立与国家科技报告制度相对应的省级科技报告体制机制。省级政府在很大程度上是积极响应中央政府的号召，为实现科技报告的全局战略目标，做好管辖区域内的科技报告工作，同时因为各地的省情不一，各省会在具体执行时采取一定的变通和均衡。市级政府是科技报告工作政府群体中最低一级政府，目前尚未见有区县级政府开展科技报告工作、建立科技报告工作体系的报道。市级政府在开展科

①　乔振，荀玥婷，高巍. 省级科技报告体系建设框架设计探讨[J]. 科学与管理，2018，38（3）：67-72.
②　贺德方.科技报告资源体系研究[J].信息资源管理学报，2013，3（1）：4-9，31.

技报告工作时，情况与省级政府相似，一方面是对上级政策的执行，另一方面也要考虑辖区的具体情况，区别在于市级政府更多地考虑成本，意愿不及省级政府强烈。具体的工作主管部门上，从上到下依次是科技部、各省（市）科技厅（科委）和各地市科技局。

（2）委托机构

科技报告日常管理工作需要对庞大的科技成果信息资源进行技术性加工、审核等处理，但政府部门的工作主要是从事行政管理，受限于有限的行政资源，政府一般将科技报告日常管理工作委托给第三方机构，负责科技报告的接收、收藏、管理和共享等服务，维护科技报告服务系统。具体如下：在国家一级，科技部的委托机构为中国科学技术信息研究所；各省（市）科技厅（科委）的委托机构为省（市）级科技情报机构或生产力促进中心等事业性单位；各地市则由于科技报告数量较少、经费有限，一般依托主管部门所属二级机构，甚至无委托机构。在科技报告参与主体中，这些委托机构与政府部门存在委托与被委托关系，受政府部门委托参与科技报告工作，实质上是为政府部门从事科技报告日常管理事务。

（3）科研单位

科研单位是科研人员开展科研任务的依托机构，科研单位群体类型多样，科技报告工作涉及的科研单位包括所有承担财政性资金支持科研计划、专项和基金项目的高等院校、科研院所、医疗卫生机构、企业和社会团体等科研主体。科研单位作为科研项目的承担法人，主要负责组织与督促本单位科研人员撰写、提交科技报告，同时还负责对科研人员提交的科技报告进行初步审核，在承担其法人职责的同时，减轻政府科技管理部门的管理压力。同时，科研单位也可以通过开展科技报告工作，为自身机构知识库的构建提供数据资源。不同性质和规模的科研单位的科技报告工作开展能力不一，重点院校和大型企业承担的科研项目众多，科研队伍较为庞大，有独立的科研处，开展科技报告工作的能力较强，可以组织科技报告会议、培训和指导等；而普通院校及以生产经营为主的中小微企业，其科技项目和科研人员少，较少独立开展科技报告工作，甚至出于成本考虑，直接将其科技报告事权下放给科研人员。

（4）科研人员

科研人员是科研项目研究计划的直接制订者和实施者，在科技报告工作中包括所有财政性资金支持科研计划、专项和基金项目的负责人或参与者。撰写科技报告会花费科研人员一定的时间和精力成本，科研人员参与科技报告工作的首要原因是政府对科技项目管理的政策要求，完成科技报告是科研人员推进在研科技项目进入验收环节的前置条件；其次，科技报告作为科技项目的学术性特种文献，科研人员可以通过撰写科技报告，使自己的研究成果获得同行的了解和认同，取得一定的学术声望，这也为其提供了一定的参与动力。科研人员参与科技报告工作的积极性往往会受政府部门态度、科研单位的态度、科技报告价值认同度多重因素的影响，如果政府部门和科研单位比较重视，管理严格、积极推进，科技报告的社会价值认同度高，则科研人员也将倾向于认真完成，反之则会倾向于应付式地完成任务。

（5）社会公众

社会公众是公共事物的重要参与者，在科技报告工作中发挥的作用主要是社会监督，通过公众参与倒逼科研绩效和科研诚信提升。科技报告制度的建立为科技信息公开增加了一种有效途径，公众可以通过查阅科技项目形成的科技报告了解科技项目的科研管理、研发过程以及形成的科研成果等。同时科技报告也为公众获取科技知识提供了便利。由于我国政府收录的科技报告资源，公众经实名注册后即可以免费获取，因此科技报告资源的持续积累，可以极大降低公众获取科技知识的成本，部分对科技需求较强的公众也可以从科技报告中获得知识和灵感，为其创新创业提供科技支撑。但是公众的参与程度，有赖于科技报告工作的持续推进。我国虽然已经建立了较为完善的制度体系，但是由于工作开展时间不长，科技报告的资源积累效应及其收益的外部性尚未完全显现，所以在现阶段，公众在科技报告工作中的参与热情不高、参与程度相对较低。

综合以上分析可知，科技报告工作的参与主体及其关系如图 3-2 所示，参与主体之间相互影响，共同构成了科技报告工作的参与主体网络。该网络以政府部门、科研单位、科研人员三个参与主体为核心，三者之间相互督促、相互配合，形成了科技报告参与主体核心网络；政府层级内部则自上而下层层指导，自下而上层层落实反馈；委托机构通过协助政府部门参与科技报告工作；公众则从外部对整个科技报告及其相关工作进行监督，并成为科技报告工作外部收益的受益者。

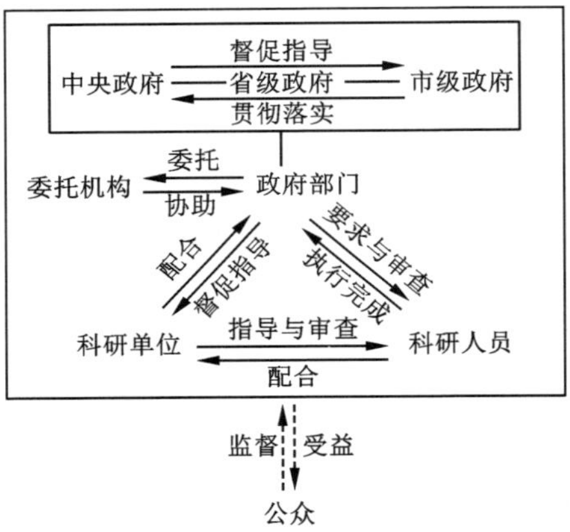

图 3-2　科技报告参与主体网络

3.2.2　组织管理模式

科技报告体系建设，除了需要政策与法规制度予以保证，尤其需要行政管理和协调手段，以打破传统条块分割的体制弊端。借鉴国内外成熟的科技报告组织管理模式，地方科技报告工作，需依托现有的科研项目管理渠道，建立由省、部门(行业、市州)和基层科研单位组成的三级组织管理结构，逐步形成规范的科技报告管理工作机制①。具体来说，需

---

① 乔振，荀玥婷，高巍. 省级科技报告体系建设框架设计探讨[J]. 科学与管理，2018，38(3)：67-72.

按照"谁立项、谁管理"的原则，建立由省级行政科技部门、市州和省直单位的项目管理部门、项目承担单位建立的科技报告逐级呈交组织管理机制。具体责任分工为：

（1）省级行政科技部门负责全省科技报告工作的统筹规划、组织协调和监督检查。负责牵头制定全省科技报告制度建设的相关政策，并按照科技报告的标准和规范组织实施。

（2）市州和省直单位的项目管理部门负责科技报告工作组织实施与管理。负责将科技报告工作纳入科研管理程序，在科研合同或项目任务书的预期成果和考核指标中，明确规定科技报告呈交的类型、数量和期限，依托现有机构对科技报告进行统一收藏和管理，并定期向省级行政科技部门报送非涉密和解密的科技报告。

（3）项目承担单位负责科技报告工作的落实与审核。负责将科技报告工作纳入科研管理范畴，根据需要制定科技报告工作鼓励措施，将其作为科技产出统计、考核奖励的重要依据。同时组织和督促项目组按要求撰写科技报告，统筹协调项目各参与单位共同推进科技报告工作。对本单位科技报告进行形式、内容和密级审核，并及时向项目主管部门呈交科技报告。

3.3　标准规范体系建设模式

科技报告标准规范体系是科技报告标准化工作的指南。为实现科技报告的统一收集存储、加工处理、共享利用，建立科技报告标准规范体系不可或缺。我国现行的科技报告相关标准规范有 4 个，即《科学技术报告编写规则》（GB/T 7713.3）、《科学技术报告编号规则》（GB/T 15416）、《科技报告保密等级代码与标识》（GB/T 30534）、《科技报告元数据规范》（GB/T 30535）。四个国家标准从科技报告构成要素的不同方面为科技报告的规范撰写与存储管理提供了参考依据。省级科技报告工作流程与国家科技报告工作流程大同小异，这里重点探讨省级科技报告技术标准框架。

科技报告的全生命周期包括资源形成、组织管理、加工审核和共享利用四个阶段。科技报告技术标准体系按应用阶段可分为撰写标准、组织管理标准、加工审核标准和服务标准四大类①。

（1）撰写标准：指项目承担单位在撰写不同类型科技报告时所应遵循的格式与内容规范，主要包括科技报告的类型及不同类型科技报告模板、科技报告编写规则等。

（2）组织管理标准：指在科技报告的收集、保存、知识产权管理等过程中所应遵循的标准规范，主要包括省级科技计划科技报告管理规范、质量评价标准、编号规则及科技报告保密等级代码与标识等。为促进科技报告的共享交流，在科技报告的编号、保密等级代码与标识方面，必须与国家科技报告保持一致。

（3）加工审核标准：指在科技报告的加工处理过程中应遵循的规范，以确保数据质量，强化资源标识、描述、揭示的一致性，方便科技报告资源的整合集成和共享交流，主要包括科技报告的审核改写规范、元数据规范、科技报告分类及标引规则等。

---

① 乔振，荀玥婷，高巍. 省级科技报告体系建设框架设计探讨[J]. 科学与管理，2018，38（3）：67-72.

（4）服务标准：指规范科技报告使用和服务秩序与行为，保证科技报告有序共享和安全使用所应遵循的安全管理规定，主要包括共享服务系统用户管理规范和科技报告服务规范等。

3.4 服务体系建设模式

建设科技报告制度的根本目的是实现国家和地方科技战略性资源的持续积累、完整保存和开放共享，推进科技报告资源持续积累的根本目的则是促进资源开放共享。按照国家"坚持分类管理，在做好涉密科技报告安全管理的同时，把强化开放共享作为工作重点"等基本原则，各地方应当建立集中与分散相结合的科技报告收藏和服务体系，对本省产生的科技报告进行分级分类管理。

按照国家"各地、各有关部门依托现有机构对科技报告进行统一收藏和管理"的要求，各地科技行政管理部门应根据科技报告具有技术含量高、实用性强，具有极强的新颖性和前沿性，需加强知识产权保护和密级管理等方面的显著特点及其独特的文献与公共产品属性，委托具有隶属关系的二级事业单位，尤其是公益类单位，如各省的科技情报机构等对其进行统一收藏和管理，科技部就是依托其直属的公益类科技信息研究机构——中国科学技术信息研究所——负责国家科技计划科技报告的接收、保存、管理和服务。

地方服务机构主要是负责本级财政产生的科技报告的收藏、管理和服务以及科技报告共享服务系统的建设和维护，指导项目承担单位撰写并呈交科技报告，负责向上级科技报告收藏服务中心呈交公开科技报告全文和非公开科技报告题录，负责对本级财政科技计划科技报告产出进行统计分析，推动科技报告资源的开发利用等。

3.5 管理运行机制

维系科技报告工作有序开展需要相关管理运行机制的支撑与约束，目前我国科技报告工作中已建立的管理运行机制主要包括管理指导机制、分工协作机制和分级分类服务机制。

3.5.1 管理指导机制

虽然科技报告参与主体众多，各参与主体有着不同的任务分工，但从总体来看，我国科技报告制度是一种自上而下、政府主导、科研单位配合、科研人员广泛参与的制度。与美国各联邦政府部门管理的科技报告制度不同，我国的科技报告制度部分省份已覆盖国家、省和地级市三级政府，但以各级科技部门为主。在整个科技报告管理体系中，中央政府负责统筹制定全国科技报告工作的总原则，中央政府及其委托机构指导地方政府和承担国家级项目的科研机构开展科技报告工作；省级、地市级政府遵循上级政策制定地方科技报告政策,地方政府及其委托机构指导下级政府和承担本级项目的科研机构开展科技报告工作;科研单位协助各级政府指导本单位科研人员开展科技报告工作。管理指导的形式主要包括政策宣讲、考察督导、技能培训和帮助答疑等,其中政策宣讲、工作考察督导主要由各级政府科技主管部门负责,科技报告撰写技能培训、日常管理、帮助与咨询答疑主要由委托机构具体负责。

3.5.2　分工协作机制

在科技报告工作管理体系中,科技管理部门、委托机构、科研单位、科研人员等责任主体分工协作,共同实现科技报告工作的有序开展。科技报告工作管理流程如图 3-3 所示,其中,科技报告任务由科技管理部门确定,并作为科技项目验收的前置条件,嵌入验收任务中。承担项目的科研人员根据任务要求,围绕项目研发内容,撰写提交并修改科技报告。委托机构(科技报告管理服务中心)对科研人员提交的科技报告进行初步审核、规范化编辑、内容与形式复核,并向科研人员反馈修改意见,向科技管理部门反馈科技项目科技报告提交情况。科研单位在科研人员撰写提交科技报告过程中,协助科技管理部门进行管理,起着对工作上传下达的衔接,以及对科研人员的组织、指导作用。环环相扣、多级审核的工作管理流程,使各类主体充分参与其中,在一定程度上保障了科技报告的文献质量。

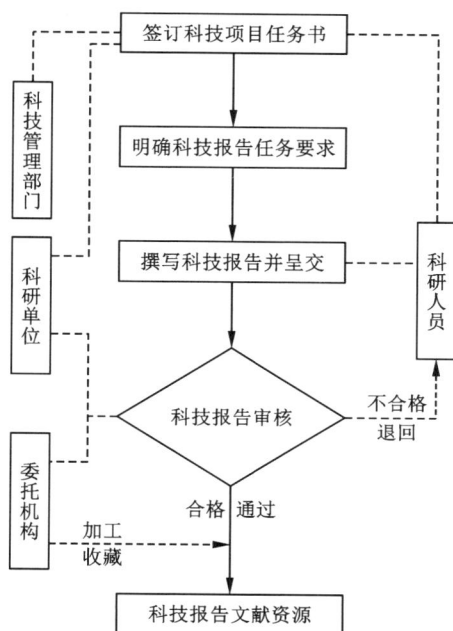

图 3-3　科技报告工作管理流程

3.5.3　分级分类服务机制

科技报告的管理和共享涉及知识产权、技术秘密、国家安全等诸多问题，需要科学合理地设定保密级别或受限范围，进行分类管理和分层分级服务①。根据《科技报告保密等级代码与标识》标准以及我国相关保密规定，可将科技报告分为公开、受限和涉密三级管理。省级科技计划科技报告的服务对象权限管理可以根据科技报告类型、密级等，参照国家科技报告服务对象权限管理方式，将用户划分为四类：社会公众、专业人员、科研管理人员、政府管理部门。不同用户在权限设置和服务内容方面有所不同，其中"公开"和"延期公开"科技报告摘要向社会公众提供检索查询服务，"公开"科技报告全文向实名注册用户提供在线浏览和推送服务；"延期公开"科技报告全文实行专门管理和受控使用；涉密项目科技报告严格按照国家相关保密规定进行管理。

3.6　系统建设运行模式

科技报告系统建设运行模式，主要包括 2 个方面：一是收集整理科技报告组织的服务模式；另一个则是科技报告提供给用户的服务模式。科技报告作为文献信息的一种重要形式，我们可以通过研究文献信息的服务模式来探索科技报告服务系统建设模式，即科技报告为用户提供服务的模式。

3.6.1　开发利用服务模式

文献开发利用服务模式主要包括集中模式、分散模式、分布模式和集成模式 4 种②，它们的对比如表 3-1 所示。

（1）集中模式，是指文献的开发和利用工作都由一个平台（或机构）来完成，所有的信息收集、标准制定、文献保存和管理及为用户提供服务等各项工作都由该平台（或机构）完成。

（2）分散模式，与集中模式刚好相反，是依据文献类型或地域等划分出不同系统，各系统之间承担不同的工作，彼此相互独立，有自己的管理体系，并且没有一个统一的组织或机构对这些系统进行宏观管理。

（3）分布模式，是集中模式和分散模式的组合体，即同时设有总系统和分系统，总系统在宏观上控制子系统的发展，而各子系统之间分工明确，彼此之间虽独立，但都同时受总系统的约束。

（4）集成模式则是将分散在各地的文献资源或系统按某种方式整合为一个有机整体，

---

① 乔振，荀玥婷，高巍. 省级科技报告体系建设框架设计探讨[J]. 科学与管理，2018，38（3）：67-72.
② 汪雪锋，付芸，邱鹏君，等. 关于我国国家科技报告服务模式的探索[J]. 科技管理研究，2016，36（7）：190-195.

为用户提供一个快速获得文献的便捷入口。

表 3-1　4 种开发利用模式的对比

模式类型	总系统	子系统	总系统与子系统之间的关系	子系统之间的关系
集中模式	有	无	总系统全权负责所有工作	—
分散模式	无	有	—	子系统之间相互独立，且各子系统有自己的管理体系
分布模式	有	有	总系统管理各子系统，使其协调统一，并且各系统有共同的目标和标准	子系统之间相互独立，但都要受总系统的领导
集成模式	有	有	总系统将各分散子系统整合起来，但不会管理和约束子系统	子系统之间相互独立，且各子系统有自己的管理体系

由上表可知：(1)集中模式与分散模式属于两个极端，集中模式只有总系统，分散模式则只有子系统；集成模式便于集中管理，但会导致日常工作过于集中；分散模式分工明确，各系统互不干涉，但不利于资源的整合以及统一利用。(2)分布模式与集成模式都有总系统和子系统，但两者不尽相同。分布模式为集中模式和分散模式的综合体，其总系统对各分散的子系统有实际的掌控，子系统分别负责不同的日常工作，总系统宏观上统筹这些工作，但该模式很难平衡总系统对下属各子系统利益的公平划分；而集成模式的总系统只把各子系统的资源整合起来，便于使用者通过这一平台获得更多分散的资源，但总系统并不实际管理各子系统的日常运作[①]。

美国科技报告开发利用服务模式为分布模式，其中对于公开和解密的科技报告主要采用集中模式进行管理，即各部门分别管理相应的报告，而各部门公开及解密部分的科技报告再统一交由 NTIS 管理，对于保密或受限的科技报告则在其所属部门分别进行管理，部门间没有上下级别关联，因此其文献开发利用模式采取分散模式。

3.6.2　信息服务模式

文献信息服务模式可划分为传统模式、集成模式、个性化模式及知识服务模式。

(1)传统模式主要以文献信息资源的建设为核心，以文献提供为主要内容。这种方式是现在各大实体图书馆仍然保留的一种服务模式，即用户可以通过借阅、咨询或系统文献检索的方式查找到所需资源，但往往受到可供资源、人数、距离及时间的限制。

(2)集成模式是通过计算机技术和网络通信技术的实践应用为服务平台，配合文献信息库，在资源层面、技术层面和服务层面进行集成，进而在一定程度上实现网络文献信息集成共享服务。在集成服务模式下，每位用户都可以通过网络获取所需的资源，不受人

[①] 汪雪锋,付芸,邱鹏君,等. 关于我国国家科技报告服务模式的探索[J]. 科技管理研究,2016,36(7)：190-195.

数、时间及距离等限制。

（3）个性化模式则是以用户需求为中心，对信息资源展开不同层次的、多种类型的、满足用户个性化需求的有效信息服务。个性化模式下的信息服务系统可以根据用户的爱好需求等为用户提供符合其兴趣的信息推送服务等。

（4）知识服务模式就是满足各用户知识需求的服务过程。该过程是服务方凭借其在相关领域或问题方面高度专业化的知识，在详细分析用户实际需求的基础上广泛搜集整理信息，对其进行加工整合创新，以一定的手段或方式，在与客户交流的过程中帮助用户获取更多信息，从而提高用户解决问题的能力，帮助用户作出正确的决策或直接帮助用户解决问题。在知识服务模式下，服务方需要根据每位用户的实际需求，整合特定方向的信息或知识，为用户量身定制出一款解决方案或知识体系[①]。

目前应用十分广泛的文献信息服务模式是集成模式，主要原因是：传统模式的服务方式已无法满足现代快捷迅速的信息传递模式；个性化模式和知识服务模式虽然都更具针对性，更能针对特定的用户解决其面对的问题，但其实际运行成本相对较高，因此与其他模式相比，集成服务模式的可操作性更强。

美国 NTIS 的文献信息服务是以集成服务模式为主，同时兼有个性化模式。NTIS 主要通过网站为用户提供科技报告查找服务，同时网站可为用户提供 NTIS 快讯桌面推送服务，印刷产品、计算机产品、多媒体产品的在线订购等个性化服务。

---

① 汪雪锋，付芸，邱鹏君，等. 关于我国国家科技报告服务模式的探索[J]. 科技管理研究，2016，36（7）：190-195.

第4章 ▮▮▮▮□□▮▮□□▮

地方科技报告制度建设推进机制研究

　　科技报告是国家和各地方重要的科技战略基础资源，也是重要的政府开放科技数据。本章利用演化博弈的方法首先分析政府、科研单位、科研工作者三方的博弈关系，探讨科技报告工作的推进机制，然后根据当前加快推进省市两级地方科技报告工作需要，在构建演化博弈模型基础上，重点分析了地方科技报告工作体系中上下两级政府的博弈关系，探讨地方科技报告工作推进机制。

4.1　演化博弈视角下的科技报告推进机制研究

4.1.1　研究背景及理论分析

　　随着科技报告工作的不断深入，科技报告制度建设过程中存在的问题也逐渐显现出来，如科技报告管理协同问题①②、质量控制问题③、知识产权保护问题④⑤、服务模式建立问题⑥、数据的深度挖掘与利用问题⑦⑧等。经对前人的研究进行梳理发现，这些问题大多受到制度不够完善和参与主体积极性不足的影响，是问题的共性所在。但是目前，面对科技报告工作存在的困难和解决的办法，只有一些定性的对策或建议⑨，并未有进一步的研究。可见，科技报告工作已经进入了一个新的瓶颈期。如何完善科技报告制度政策，提高参与主体的积极性，进一步推进科技报告工作的发展，已成为当前科技报告工作的当务

①　曾建勋. 基层科技报告体系建设研究[J]. 情报学报, 2014, 33(8)：800-806.
②　高巍, 李玉凤. 科技报告工作省市协同推进机制研究——以山东省为例[J]. 图书馆理论与实践, 2017(2)：54-58.
③　杜薇薇, 剧晓红, 郑彦宁. 我国科技报告质量现状及对策研究[J]. 情报科学, 2018, 36(12)：96-100.
④　李萍. 科技报告制度中的知识产权问题研究[J]. 情报理论与实践, 2018, 41(8)：55-59, 47.
⑤　许燕, 张爱霞, 麻思蓓. 科技报告服务中的知识产权平衡机制[J]. 科技管理研究, 2018, 38(3)：193-197.
⑥　应向伟. 科技报告服务模式及在科技管理中的探索研究[J]. 科技管理研究, 2018, 38(2)：34-38.
⑦　曲靖野, 陈震, 郑彦宁. 基于主题模型的科技报告文档聚类方法研究[J]. 图书情报工作, 2018, 62(4)：113-120.
⑧　陈洁, 韩非, 武茜, 等. 科技报告数据关联机制研究[J]. 数字图书馆论坛, 2017(1)：46-50.
⑨　吴丽, 王佳莹, 张肖会. 江苏省科技报告工作面临的问题及建议[J]. 科技风, 2018(16)：222-223.

之急。

　　演化博弈是将博弈论和演化论结合的一种分析方法，它源于达尔文的生物进化论，基于有限理性的假设，强调动态均衡[①]。该理论以种群为研究对象，关注种群中个体通过学习、模仿等动态调整进行决策的过程。其常被学者用于分析社会制度变迁、产业演化以及股票市场等[②]，在经济社会问题研究上，有着广泛的应用。在科技管理研究方面，演化博弈也是研究者使用的热点方法之一。例如，贾志涛等[③]基于演化博弈理论研究了第三方监督对财政科技经费监管的作用，孙涛等[④]从演化博弈的视角探讨了区域科技成果外流的问题，吴洁等[⑤]则利用三方演化博弈模型对政府、高校、企业的政产学研协同创新机制进行了研究。科技报告工作属于科技管理范畴，存在多个主体的参与互动，是一项持续性工程，演化博弈的分析方法适用于该方面的研究。但是，目前尚未有学者从演化博弈甚至是博弈的视角来分析科技报告工作，这也是本研究开展的必要之处。

　　科技报告工作作为科技管理工作内容之一，科技项目产出的科技报告是其向社会提供的科技公共产品。科技报告工作是一项需要多方协作、共同参与的公共事务，最终发布共享的科技报告，也是众多利益相关方多方博弈的结果。多方参与主体中，政府、科研单位、科研工作者之间的三方博弈关系最为重要，这是我们分析的立足点，在前述相关科技报告参与主体章节中也有阐明。

4.1.2　模型及其假设

4.1.2.1　研究声明与假设

　　本书的研究涉及政府、科研单位、科研工作者三个博弈主体。在研究的主体界定中，政府是政策的制定者和实施者，包括中央、省级和市级的科技报告工作主管部门；科研单位指承担财政资金支持科研计划、专项和基金项目的高等院校、科研院所、医疗卫生机构、科技企业和社会团体等科研主体；科研工作者是指需要提交科技报告的所有财政支持科研计划、专项和基金项目负责人和参与者。

　　本书只考虑在政府已开展科技报告工作基础上如何将其进一步推进。实际的科技报告工作中，有些政府辖治范围（区域、部门、行业）由于种种原因尚未开展科技报告工作，未开展地区是否要开展？如何推动未开展的地区开展？这属于另外两个问题，不属本研究范围。

　　在开展科技报告工作过程中，即使政府、科研单位、科研工作者不采取任何策略，也

①　黄凯南. 演化博弈与演化经济学[J]. 经济研究, 2009, 44(2)：132-145.
②　王文宾. 演化博弈论研究的现状与展望[J]. 统计与决策, 2009(3)：158-161.
③　贾志涛, 曾繁英. 第三方监督视角下财政科技经费监管演化博弈分析[J].哈尔滨商业大学学报(社会科学版), 2017(5)：74-83.
④　孙涛, 王钰, 李伟. 区域科技成果外流的演化博弈分析——东北地区科技成果外流的原因和对策[J]. 中国科技论坛, 2018(5)：97-106.
⑤　吴洁, 车晓静, 盛永祥, 等. 基于三方演化博弈的政产学研协同创新机制研究[J]. 中国管理科学, 2019, 27(1)：162-173.

有一定的成本和收益，而且此部分成本和收益不会随本研究的策略变化而变化。为简化问题，本研究未将此部分成本和收益考虑入模型中，只考虑三方采取策略的情况下变化的成本和收益，即成本和收益的增量。

为客观分析科技报告推进博弈中政府、科研单位、科研工作者三方的策略行为及其互动关系，本研究提出以下研究假设：

（1）政府、科研单位、科研工作者的行为均属于有限理性行为。

（2）政府对科研单位、科研工作者的行为具有影响，但由于信息的不对称性和滞后性，科研单位策略选择主要依据政府的行为而确定，科研工作者的策略选择主要依据政府和科研单位的行为而确定。

（3）政府、科研单位、科研工作者参与科技报告工作，不仅可以获得稳定收益，而且可能因其他主体的策略选择而获得额外收益。

（4）政府、科研单位和科研工作者在对待科技报告工作的策略态度上，只会在积极与消极之间选择，而不会选择不开展。同时，本研究只考虑已开展科技报告工作基础上的政府策略选择，故政府不存在不开展的策略选择。《国家科技计划科技报告管理办法》中有严厉的惩戒条款，若科技项目的所属科研单位和科研工作者不开展科技报告工作，将支付沉重的成本，理性的科研单位和科研工作者在政府开展科技报告工作的条件下不会选择不开展。

（5）基于（4）中的假设，政府和科研单位在现有制度基础上推进科技报告工作时，只考虑采取正向的鼓励性推进策略，而不采取负向的惩罚性推进策略。

4.1.2.2　主体策略

在科技报告工作推进过程中，政府、科研单位、科研工作者都会考虑自身的利益而采取相应的策略。

政府是科技报告工作的组织实施者，政府的策略可以分为"激励"和"不激励"。"激励"会使政府获得额外收益，科研单位和科研工作者也可能获得额外收益，但是会消耗政府的资源成本。

科研单位是政府和科研工作者之间的中介者，科研单位的策略可以分为"推动"和"不推动"。"推动"会使政府、科研单位都获得额外收益，科研工作者也可能获得额外收益，但是会消耗科研单位的管理成本。

科研工作者是科技报告的撰写者，科研工作者的策略可以分为"认真"和"不认真"。"认真"撰写科技报告会使三方都获得额外收益，但是需要科研工作者支付更多的个人精力成本。

4.1.2.3　参数与收益矩阵

在推进科技报告工作的三方博弈中，各方的成本、收益参数如表 4-1 所示。

根据以上假设和参数设置，可以得到政府、科研单位、科研工作者的三方博弈收益矩阵，如表 4-2 所示。

表 4-1 三方博弈参数及其说明

参数	参数说明
R_{11}	"激励"策略下政府会得到的收益,如上级认可、社会公众认同等
R_{12}	科研单位"推动"给政府带来的额外收益,如管理更容易、更高效等
R_{13}	科研工作者"认真"撰写科技报告带来的额外收益,如科技报告总体质量提升
C_1	采取"激励"策略政府需要付出的成本
R_{21}	科研单位"推动"得到的来自政府的收益,如对其工作态度积极的肯定
R_{22}	科研工作者"认真"给科研单位创造来自政府的收益,如认为科研单位积极推动,管理有效
R_{23}	激励政策下,科技单位"推动"会得到的额外收益,如荣誉与物质奖励
C_2	采取"推动"策略科研单位需要付出的成本
R_{31}	科研工作者"认真"撰写科技报告得到的收益,如同行认可,引用参考
R_{32}	科研单位"推动"下,科研工作者"认真"撰写科技报告得到的额外收益,如来自科研单位的信任与肯定
R_{33}	政府"激励"下,科研工作者"认真"撰写科技报告得到来自政府的额外收益,如荣誉与物质奖励
C_3	采取"认真"策略科研工作者需要付出的成本
P_1	政府"激励"科技报告工作的概率,$P_1 \in [0, 1]$
P_2	科研单位"推动"科技报告工作的概率,$P_2 \in [0, 1]$
P_3	科研工作者"认真"撰写科技报告的概率,$P_3 \in [0, 1]$

表 4-2 三方博弈收益矩阵

三方博弈策略	政府收益	科研单位收益	科研工作者收益
激励,推动,认真	$R_{11}+R_{12}+R_{13}-C_1$	$R_{21}+R_{22}+R_{23}-C_2$	$R_{31}+R_{32}+R_{33}-C_3$
激励,推动,不认真	$R_{11}+R_{12}-C_1$	$R_{21}+R_{23}-C_2$	0
激励,不推动,认真	$R_{11}+R_{13}-C_1$	R_{22}	$R_{31}+R_{33}-C_3$
激励,不推动,不认真	$R_{11}-C_1$	0	0
不激励,推动,认真	$R_{12}+R_{13}$	$R_{21}+R_{22}-C_2$	$R_{31}+R_{32}-C_3$
不激励,推动,不认真	R_{12}	$R_{21}-C_2$	0
不激励,不推动,认真	R_{13}	R_{22}	$R_{31}-C_3$
不激励,不推动,不认真	0	0	0

4.1.3　三方博弈中各主体的期望收益

4.1.3.1　政府的期望收益

政府选择"激励"策略的期望收益为 U_{11}，选择"不激励"策略的期望收益为 U_{12}，政府的平均期望收益为 U_1，则有：

$$
\begin{aligned}
U_{11} &= P_2 P_3 (R_{11} + R_{12} + R_{13} - C_1) + P_2 (1 - P_3)(R_{11} + R_{12} - C_1) + \\
&\quad (1 - P_2) P_3 (R_{11} + R_{13} - C_1) + (1 - P_2)(1 - P_3)(R_{11} - C_1) \\
&= R_{11} + P_2 R_{12} + P_3 R_{13} - C_1 \\
U_{12} &= P_2 P_3 (R_{12} + R_{13}) + P_2 (1 - P_3) R_{12} + (1 - P_2) P_3 R_{13} \\
&= P_2 R_{12} + P_3 R_{13} \\
U_1 &= P_1 U_{11} + (1 - P_1) U_{12} \\
&= P_1 (R_{11} + P_2 R_{12} + P_3 R_{13} - C_1) + (1 - P_1)(P_2 R_{12} + P_3 R_{13}) \\
&= P_1 (R_{11} - C_1) + P_2 R_{12} + P_3 R_{13}
\end{aligned}
$$

4.1.3.2　科研单位的期望收益

科研单位选择"推动"策略的期望收益为 U_{21}，选择"不推动"的期望收益为 U_{22}，科研单位的平均期望收益为 U_2，则有：

$$
\begin{aligned}
U_{21} &= P_1 P_3 (R_{21} + R_{22} + R_{23} - C_2) + P_1 (1 - P_3)(R_{21} + R_{23} - C_2) + \\
&\quad (1 - P_1) P_3 (R_{21} + R_{22} - C_2) + (1 - P_1)(1 - P_3)(R_{21} - C_2) \\
&= (1 + P_1 + P_3)(R_{21} - C_2) + P_1 R_{23} + P_3 R_{22} \\
U_{22} &= P_1 P_3 R_{22} + (1 - P_1) P_3 R_{22} = P_3 R_{22} \\
U_2 &= P_2 U_{21} + (1 - P_2) U_{22} \\
&= P_2 \left[(1 + P_1 + P_3)(R_{21} - C_2) + P_1 R_{23} + P_3 R_{22} \right] + (1 - P_2) P_3 R_{22} \\
&= P_2 \left[(1 + P_1 + P_3)(R_{21} - C_2) + P_1 R_{23} \right] + P_3 R_{22}
\end{aligned}
$$

4.1.3.3　科研工作者的期望收益

科研工作者选择"认真"策略的期望收益为 U_{31}，选择"不认真"的期望收益为 U_{32}，科研单位的平均期望收益为 U_3，则有：

$$
\begin{aligned}
U_{31} &= P_1 P_2 (R_{31} + R_{32} + R_{33} - C_3) + P_1 (1 - P_2)(R_{31} + R_{33} - C_3) + \\
&\quad (1 - P_1) P_2 (R_{31} + R_{32} - C_3) + (1 - P_1)(1 - P_2)(R_{31} - C_3) \\
&= R_{31} + P_2 R_{32} + P_1 R_{33} - C_3 \\
U_{32} &= 0 \\
U_3 &= P_3 U_{31} + (1 - P_3) U_{32} \\
&= P_3 (R_{31} + P_2 R_{32} + P_1 R_{33} - C_3)
\end{aligned}
$$

4.1.4　演化博弈模型求解及分析

4.1.4.1　政府复制动态方程求解及分析

政府"激励"科技报告工作的复制动态方程为：

$$F_1(P_1) = \frac{\mathrm{d}P_1}{\mathrm{d}t} = P_1(1 - P_1)(R_{11} - C_1)$$

当 $R_{11} = C_1$ 时，$F_1(P_1) \equiv 0$，此时，P_1 取任意值都为稳定状态。

当 $R_{11} \neq C_1$ 时，$P_1 = 0$ 或 $P_1 = 1$ 为两种稳定状态。对 $F_1(P_1)$ 求导得：

$$F_1'(P_1) = \frac{\mathrm{d}F(P_1)}{\mathrm{d}P_1} = (1 - 2P_1)(R_{11} - C_1)$$

此时可分两种情况：

第一种情况：当 $R_{11} > C_1$ 时，$F_1'(0) > 0$，$F_1'(1) < 0$，此时 $P_1 = 1$ 是平衡点，政府选择"激励"策略为演化稳定策略。

第二种情况：当 $R_{11} < C_1$ 时，$F_1'(0) < 0$，$F_1'(1) > 0$，此时 $P_1 = 0$ 是平衡点，政府选择"不激励"策略为演化稳定策略。

由以上政府策略演化的复制动态方程求解分析可知，政府的演化策略只受到其带来的固有收益和成本的影响。当固有收益 R_{11} 高于成本 C_1 时，科研单位和科研工作者无论作何选择，政府都会向采取"激励"策略的方向演化。当固有收益 R_{11} 低于成本 C_1 时，科研单位和科研工作者无论作何选择，政府都会向采取"不激励"策略的方向演化。

4.1.4.2　科研单位复制动态方程求解及分析

科研单位"推动"科技报告的复制动态方程为：

$$F_2(P_2) = \frac{\mathrm{d}P_2}{\mathrm{d}t} = P_2(1 - P_2)\left[(1 + P_1 + P_3)(R_{21} - C_2) + P_1 R_{23}\right]$$

当 $P_3 = \dfrac{C_2 - R_{21} + P_1(C_2 - R_{21} - R_{23})}{R_{21} - C_2}$ 时，$F_2(P_2) \equiv 0$，此时，P_2 取任意值都为稳定状态。

当 $P_3 \neq \dfrac{C_2 - R_{21} + P_1(C_2 - R_{21} - R_{23})}{R_{21} - C_2}$ 时，$P_2 = 0$ 或 $P_2 = 1$ 为两种稳定状态。对 $F_2(P_2)$ 求导得：

$$F_2'(P_2) = \frac{\mathrm{d}F(P_2)}{\mathrm{d}P_2} = (1 - 2P_2)\left[(1 + P_1 + P_3)(R_{21} - C_2) + P_1 R_{23}\right]$$

此时，根据 R_{21} 与 C_2 的关系，可分五种情况讨论：

第一种情况：当 $R_{21} > C_2$ 时，$R_{21} - C_2 > 0$ 和 $\dfrac{C_2 - R_{21} + P_1(C_2 - R_{21} - R_{23})}{R_{21} - C_2} < 0$ 恒成立，

所以 $P_3 > \dfrac{C_2 - R_{21} + P_1(C_2 - R_{21} - R_{23})}{R_{21} - C_2}$ 恒成立，此时 $F_2'(0) > 0$，$F_2'(1) < 0$，此时，$P_2 = 1$ 是

平衡点，科研单位"推动"策略为演化的稳定策略，即当 $R_{21}>C_2$ 时，无论 P_1 和 P_3 取何值，"推动"都是科研单位演化的稳定策略。

第二种情况，当 $R_{21}=C_2$，且 $P_1 \neq 0$ 时，此时 $F_2'(0)>0$，$F_2'(1)<0$，此时，$P_2=1$ 是平衡点，"推动"是科研单位演化的稳定策略。

第三种情况，当 $R_{21}=C_2$ 时，且 $P_1=0$ 时，P_2 取任意值都为稳定状态。

第四种情况，当 $R_{21}<C_2$ 时，$R_{21}-C_2<0$，且 $P_3>\dfrac{C_2-R_{21}+P_1(C_2-R_{21}-R_{23})}{R_{21}-C_2}$ 时，$F_2'(0)<0$，$F_2'(1)>0$，此时，$P_2=0$ 是平衡点，科研单位"不推动"策略为演化的稳定策略。

第五种情况，当 $R_{21}<C_2$ 时，$R_{21}-C_2<0$，且 $P_3<\dfrac{C_2-R_{21}+P_1(C_2-R_{21}-R_{23})}{R_{21}-C_2}$ 时，$F_2'(0)>0$，$F_2'(1)<0$，此时，$P_2=1$ 是平衡点，科研单位"推动"策略为演化的稳定策略。

由以上科研单位策略演化的复制动态方程求解分析可知，科研单位的演化策略会同时受到政府和科研工作者策略的影响，同时还会受到"推动"所需的额外成本 C_2，"推动"带来的固有收益 R_{21} 和政府激励政策下，科研单位"推动"带来的额外收益 R_{23} 等的共同影响。其中固有成本和收益，对科研单位的策略演化有重要影响。一般来说，在固有收益低于固有成本时，科研单位倾向于选择"不推动"策略，即存在 $\dfrac{C_2-R_{21}+P_1(C_2-R_{21}-R_{23})}{R_{21}-C_2}<P_3 \leqslant 1(P_3 \in [0,1])$，此时若政府加大对科研单位的激励力度、科研单位采取优化管理措施、使"推动"策略的成本得到有效降低或者使固有收益得到提高等措施，则会导致科研单位由采取"不推动"策略向采取"推动"策略演化，即 $0 \leqslant P_3 < \dfrac{C_2-R_{21}+P_1(C_2-R_{21}-R_{23})}{R_{21}-C_2}(P_3 \in [0,1])$，或者 $R_{21} \geqslant C_2$。

4.1.4.3　科研工作者复制动态方程求解及分析

科研工作者"认真"完成科技报告任务的复制动态方程为：

$$F_3(P_3)=\frac{dP_3}{dt}=P_3(1-P_3)(R_{31}+P_2R_{32}+P_1R_{33}-C_3)$$

当 $P_1=\dfrac{C_3-R_{31}+P_2R_{32}}{R_{33}}$ 时，$F_3(P_2) \equiv 0$，此时，P_3 取任意值都为稳定状态。

当 $P_1 \neq \dfrac{C_3-R_{31}+P_2R_{32}}{R_{33}}$ 时，$P_3=0$ 或 $P_3=1$ 为两种稳定状态。对 $F_3(P_3)$ 求导得：

$$F_3'(P_3)=\frac{C_3-R_{31}+P_2R_{32}}{R_{33}}=(1-2P_3)(R_{31}+P_2R_{32}+P_1R_{33}-C_3)$$

此时可分两种情况：

第一种情况，当 $P_1>\dfrac{C_3-R_{31}+P_2R_{32}}{R_{33}}$ 时，$F_3'(0)>0$，$F_3'(1)<0$，此时 $P_1=1$ 是平衡点，科研工作者选择"认真"策略为演化稳定策略。

第二种情况，当 $P_1 < \dfrac{C_3 - R_{31} + P_2 R_{32}}{R_{33}}$ 时，$F_3'(0) < 0$，$F_3'(1) > 0$，此时 $P_1 = 0$ 是平衡点，科研工作者选择"不认真"策略为演化稳定策略。

由以上科研工作者策略演化的复制动态方程求解分析可知，科研工作者的演化策略会同时受到政府和科研单位策略的影响，同时还会受到"认真"所需的额外成本 C_3，可得到的固有收益 R_{31} 以及从政府和科研单位得到的额外收益 R_{33}、R_{32} 的共同影响。当科研工作者选择"不认真"策略时，存在 $0 \leqslant P_1 < \dfrac{C_3 - R_{31} + P_2 R_{32}}{R_{33}}(P_1 \in [0, 1])$，此时若政府加大对科研工作者的激励力度、政府或机构通过培训指导降低科研工作者认真撰写需要的成本、科技报告被更广泛地查阅或引用、科研单位重视科技报告工作并发挥科技报告的管理价值，会导致科研工作者由采取"不认真"策略向采取"认真"策略演化，即存在 $\dfrac{C_3 - R_{31} + P_2 R_{32}}{R_{33}} < P_1 \leqslant 1(P_1 \in [0, 1])$。

4.1.5 三方策略演化的稳定性分析

根据 Ritzberger[1] 提出的观点，当且仅当策略组合为严格的纳什均衡时，其在多方演化博弈的复制动态系统中亦为渐进稳定状态。而严格纳什均衡即为纯策略纳什均衡，因此，对于存在政府、科研单位和科研工作者三方演化博弈的系统，只需要探讨 $E_1(0, 0, 0)$、$E_2(0, 0, 1)$、$E_3(0, 1, 0)$、$E_4(0, 1, 1)$、$E_5(1, 0, 0)$、$E_6(1, 0, 1)$、$E_7(1, 1, 0)$ 和 $E_8(1, 1, 1)$ 8 个点的渐进稳定性即可，其余的点均为非渐进稳定状态。根据 Friedman[2] 的方法，可通过雅可比(Jacobian)矩阵局部稳定性微分方程分析，对平衡点进行稳定性分析。以上三方演化博弈系统的雅克比矩阵如下：

$$J = \begin{bmatrix} J_{11} & J_{12} & J_{13} \\ J_{21} & J_{22} & J_{23} \\ J_{31} & J_{32} & J_{33} \end{bmatrix}$$

其中，$J_{11} = \dfrac{\partial F_1(P_1)}{\partial P_1} = (1 - 2P_1)(R_{11} - C_1)$，$J_{12} = \dfrac{\partial F_1(P_1)}{\partial P_2} = 0$，$J_{13} = \dfrac{\partial F_1(P_1)}{\partial P_3} = 0$，$J_{21} = \dfrac{\partial F_2(P_2)}{\partial P_1} = P_2(1 - P_2)(R_{21} + R_{23} - C_2)$，$J_{22} = \dfrac{\partial F_2(P_2)}{\partial P_2} = (1 - 2P_2)[(1 + P_1 + P_3)(R_{21} - C_2) + P_1 R_{23}]$，$J_{23} = \dfrac{\partial F_2(P_2)}{\partial P_3} = P_2(1 - P_2)(R_{21} - C_2)$，$J_{31} = \dfrac{\partial F_3(P_3)}{\partial P_1} = P_3(1 - P_3)R_{33}$，$J_{32} = \dfrac{\partial F_3(P_3)}{\partial P_2} = P_3(1 - P_3)R_{32}$，$J_{33} = \dfrac{\partial F_3(P_3)}{\partial P_3} = (1 - 2P_3)(R_{31} + P_2 R_{32} +$

① RITZBERGER K, WEIBULL J W. Evolutionary Selection in Normal-Form Games[J]. Econometrica, 1995, 63(6): 1371-1399.

② FRIEDMAN D. Evolutionary games in economics[J]. Economitrican, 1991(59): 637-639.

$P_1 R_{33} - C_3$)。

本书研究科技报告工作的推进机制，主要关注 $E_8(1，1，1)$ 点的稳定性分析。该点的雅克比矩阵为：

$$J_{E8} = \begin{bmatrix} C_1 - R_{11} & 0 & 0 \\ 0 & 3(C_2 - R_{21} - R_{23}) & 0 \\ 0 & 0 & C_3 - R_{31} - R_{32} - R_{33} \end{bmatrix}$$

因此，其雅克比矩阵的特征根分别为 $C_1 - R_{11}$，$3(C_2 - R_{21} - R_{23})$，$C_3 - R_{31} - R_{32} - R_{33}$。

由李雅谱诺夫第一法（Liapunov's indirect method）可知，若系统中的某个点是渐进稳定点（ESS），则其对应的雅可比矩阵的特征根必须小于 0。因此，若 $E_8(1，1，1)$ 为系统的稳定平衡点，则必须同时满足条件：

$$\begin{cases} C_1 - R_{11} < 0 \\ C_2 - R_{21} - R_{23} < 0 \\ C_3 - R_{31} - R_{32} - R_{33} < 0 \end{cases}$$

此时，政府部门倾向于采取"激励"策略，科研单位倾向于采取"推动"策略，科研工作者倾向于采取"认真"策略。可见，能否推进政府、科研单位和科研工作者的策略选择向"激励""推动""认真"方向演化，受政府激励政策的固有成本和固有收益、科研单位推动策略的固有成本和收益、科研单位推动策略下从科研工作者处获得的收益、科研工作者采取"认真"策略的成本及科研工作者所能获取的所有收益的影响。

4.1.6　主要结论

（1）政府、科研单位和科研工作者的三方演化博弈模型中，单个主体的期望收益会受到另外两方主体的共同影响。但是不同主体在三方博弈中的地位差异，决定了其进行策略选择时所受影响的因素不尽相同。政府是政策的制定者，往往只考虑直接成本和收益；科研工作者是政策的被动接受者，其在进行策略选择时会考虑政府、科研单位的策略选择，以及自身的成本等因素。科研单位是政府和科研工作者之间的中介者，其策略选择也兼具政府和科研工作者的特点，主要考虑自身的直接成本和收益，但同时也会考虑政府、科研工作者的策略。

（2）科技报告工作的运行是多方博弈的结果，想要政府、科研单位、科研工作者分别采取"激励""推动""认真"的推进策略，需要三方共同努力，降低各自的推进策略成本和提高各自推进策略的收益，提高政府"激励"政策给科研单位和科研工作者带来的收益，提高科研单位"推动"策略给科研工作者带来的收益。

4.1.7　推进对策

科技报告工作是一项多方参与的公共事务，需要政府、科研单位和科研工作者共同努力，可采取如下措施：

（1）政府方面。首先，要制定合理有效的科技报告工作激励方案。政府激励措施的成本按使用对象大致可分为用于自身运行、用于科研单位和用于科研工作者三大部分。在保证激励效果的前提下，应尽可能降低激励措施所需的成本。减少不必要的开支，但不能削减必要支出的比例，尤其是直接用于科研单位和科研工作者支持的部分，必须保证激励政策对科研单位和科研工作者的支持力度。其次，完善制度性激励措施，打通制度障碍。虽然科技报告相关制度已经出台，但是与科技报告相适应的制度体系并未完善。据了解，目前仅有《中华人民共和国促进科技成果转化法》①做了适应性的修改，因此需进一步出台科技报告相关的实施细则，或修改科技报告涉及的现行相关政策。例如：进一步出台细则明确科技报告知识产权保护问题；修改现行的科研工作者职称评定相关政策文件，在职称评定时将科技报告与论文、专利同等科技成果产出同等对待。这样可提高科研工作者认真撰写提交科技报告的积极性，提高制度性激励效果，打破推进科技报告工作的制度障碍。

（2）科研单位方面，通过多种渠道优化管理，在有限的管理成本中推动科技报告工作。例如：通过专职、兼职结合的方式减少科技报告工作人员的开支；将科技报告管理培训融入科技项目申报、验收等日常管理培训中；将科技报告纳入机构知识库建设；也可将科技报告作为科技成果产出之一，纳入科研工作者的绩效考核和职位晋升的考评范围；等等。如此可实现科技报告工作与其他工作分摊成本或搭上其他工作的"便车"，尽可能降低推动成本。

（3）科研工作者方面，应注意端正态度，提升能力，以提高科研工作者自身在博弈过程中所获得的合理收益。实施科技报告制度是国家战略，科研工作者应意识到科技报告的公共品属性，积极主动参与科技公共管理事务；积极参加政府科技管理部门和科研单位组织的培训活动，认真学习相关政策制度，降低自身因缺乏对政策的了解而增加的个人精力成本；培养严谨认真的科研习惯，注重日常科研数据的积累和总结，养成理论扎实、数据充分、论证严谨的科研写作习惯，提高自身的科技报告写作效率，这对部分企业研发人员尤为重要；在科研工作中，积极借鉴参考他人科技报告中的成果和经验，为自身的知识获取提供新途径。

（4）强化宣传，扩大影响。科技报告属于科技公共物品，实施科技报告制度是国家战略，开展科技报告工作不仅是科技项目管理的需要，更是为全社会的创新创业提供知识支撑。公众是科研活动中的参与者、监督者和接收反馈者②，应多渠道向社会公众宣传科技报告工作，提高公众对科技报告的认知，强化公众在科技报告制度建设中的作用，使开放共享的科技报告真正发挥科技项目监督管理和促进科技成果转化的作用，促进多方受益。

---

① 科技部. 中华人民共和国促进科技成果转化法（2015 年修订）［EB/OL］.（2015-08-31）［2019-06-10］http://www.most.gov.cn/fggw/fl/201512/t20151203_122619.htm.

② 孟祥利，王娟，李爱菊，等. 科研项目管理中的公众参与［J］. 中国高校科技，2014（Z1）：45-46.

4.2　地方科技报告推进机制研究

4.2.1　地方科技报告工作推进现状

我国科技报告工作分为国家、省级和市级三个层次，但是各个层次的科技报告工作推进情况不一。截至 2024 年 7 月，在国家层面，政策制度和组织机构均已经较为完善，国家科技报告服务系统(NSTRS)已收藏各类科技报告 52 万余份。在省级层面，全国 31 个省份(港澳台除外)已全部启动科技报告工作，各省区市向国家科技报告系统累计汇交科技报告 17.29 万余篇，但是各省建设进展差异巨大。建设较早的省份几乎与国家科技报告工作同步启动，建设较晚的省份 2022 年初仍在出台相关政策，建设较好的省份收藏科技报告已超万余份，建设较差的省份收藏科技报告仅有数百份甚至更少。在市级层面，相较于国家和省级层面的全面铺开，市级科技报告开展严重滞后，仅有山东、广东、浙江、湖南明确启动了市级科技报告工作，其中山东①、湖南②两省已有多个市州启动科技报告工作，其他省份未见开展。从数量上看，开展了市级科技报告工作的地市提交的科技报告数量也十分少，除广州、深圳外，其他地市的科技报告数量仅有数份到上百份不等。

由此可见，在三级科技报告工作体系中，省市两级地方科技报告工作是其短板，其中市级科技报告更甚。省级科技报告工作推进进展不一，市级科技报告工作进展缓慢，已成为当前我国科技报告工作面临的瓶颈之一③。市级科技报告工作推进为何如此缓慢？如何加快推进省市两级地方科技报告工作？这些已成为做好地方科技报告工作亟待阐明的问题。

4.2.2　博弈模型建立及其假设

4.2.2.1　博弈参与主体分析

科技报告工作涉及多个参与主体，主要包括政府、科研单位和科研工作者。这三者之间的博弈互动关系，在上一章节已有阐述，此处不再重复分析。目前省级科技报告工作已在国家相关部门的指引下有了程度不一的推进，市级科技报告工作总体处于省级政府引导下的试点阶段，因此研究地方科技报告推进问题的重点是研究政府群体内上下两级政府之间就此项工作的博弈互动，包括博弈策略及其相互影响。

在科技报告工作政府类参与主体中，存在中央政府、省级政府和市级政府三个层级。

① 高巍，袁清昌，乔振. 山东省地市科技报告工作现状与建议[J]. 中国科技资源导刊，2017，49(3)：67-70，110.
② 科技部. 湖南省稳步推进科技报告制度建设工作[EB/OL]. (2018-11-15)[2019-08-10] http://www.most.gov.cn/dfkj/hun/zxdt/201811/t20181115_142767.htm.
③ 高巍，李玉凤. 科技报告工作省市协同推进机制研究——以山东省为例[J]. 图书馆理论与实践，2017(2)：54-58.

省级政府在科技报告工作中主要是在上级政府的政策指导下，建立与国家科技报告制度相对应的省级科技报告体制机制，并指导市级政府开展市级科技报告工作。市级政府是科技报告工作政府群体中的最后一级政府，在开展科技报告工作时，情况与省级政府相似，一方面是对上级政策的执行，另一方面也要考虑辖区的具体情况；区别在于市级政府更多地考虑成本，意愿不及省级政府强烈。对地方政府而言，科技报告工作的收益具有明显的外部性，地方政府往往只能直接获得开展此项工作的管理收益，而享受其科技报告资源积累成本支出带来的其他收益相对较少。但是管理收益的获取可能存在成本更低的路径依赖替代方案，科技报告资源积累收益也存在选择"搭便车"方案的可能性，这些都会增加地方政府科技报告工作的组织惰性，在省级政府中选择策略往往受同级其他省级政府的策略影响，而市级政府选择何种策略往往受财政条件的限制，其中领导者的意志对选择何种策略影响较大。因此，在地方政府中，辖区科技创新能力越弱，科技项目越少，财政经费越有限，如果相关领导也不重视，开展科技报告工作的积极性也就越低。

4.2.2.2　研究声明与假设

科技报告工作是一个复杂的工作体系，为使地方科技报告推进博弈中国家、省级政府、市级政府的策略行为分析客观、清晰，本研究以下将国家与省级、省级与市级政府合成为上级与下级政府，为聚集、简化分析，本研究主要考虑地方科技报告工作中上下两级政府的博弈关系，其他博弈参与者及其关系在本研究中暂不考虑。本研究基于以下研究假设：

（1）上级政府、下级政府行为均为有限理性行为。

（2）地方科技报告工作政府层面博弈模型含有两个群体：上级政府和下级政府。上级政府可以通过会议、培训、检查、汇报等多种形式督促或不督促下级政府，故其策略集合为{督促，不督促}；下级政府根据自身需求和上级要求权衡利弊，作出开展或不开展科技报告工作的选择，故其策略集合为{开展，不开展}。

（3）开展地方科技报告工作虽在《中华人民共和国促进科技成果转化法》和部分上级政策文件中有明确规定，但在实际中，这些条文政策并不能直接有效地发挥效力，只有上级政府督促与否，才会对下级政府考虑开展科技报告工作的策略选择概率产生影响。在此假设中，x 表示上级政府中选择"督促"推动策略的概率，$1-x$ 表示选择"不督促"的概率。y 表示下级政府群体中选择"开展"的概率，$1-y$ 表示选择"不开展"的概率。

（4）上级政府和下级政府行为相互具有影响，但由于科技报告工作体系在我国是"自上而下"建立的，下级政府获取的信息往往具有不对称性和滞后性，下级政府策略选择起初主要依据上级政府的行为而响应，而上级政府会根据下级政府的行为反馈，相应地改变自己的策略。如此循环重复博弈，从而实现两者的策略选择演化更替。

（5）上级、下级政府参与科技报告工作，可以获得稳定的收益，同时还可因对方策略选择而获得额外的收益。上级政府对下级政府的地方科技报告工作进行"督促"的成本是 C_1，在上级政府对下级政府地方科技报告工作进行"督促"的条件下，下级政府"开展"科技报告工作将获得上级政府的奖励 E_1，"不开展"将被上级政府批评惩罚 E_2。对上级政府而言，采取"督促"策略将获得收益 V_3，下级政府采取"开展"策略将获得来自下级政府的额

外收益 V_4。对下级政府而言，如果采取"开展"策略，可获得收益 V_2，但需要花费成本 C_2。

4.2.2.3　模型建立

在地方科技报告工作中，上级政府和下级政府都会根据自身情况权衡利弊，最终采取相应的博弈策略。根据前述研究假设和参数设置，可以确定上级政府、下级政府双方博弈收益矩阵，具体如表 4-3 所示。

表 4-3　双方博弈收益矩阵

双方博弈策略	上级政府收益	下级政府收益
督促，开展	$V_3+V_4-C_1$	$V_2+E_1-C_2$
督促，不开展	V_3-C_1	$-E_2$
不督促，开展	V_4	V_2-C_2
不督促，不开展	0	0

4.2.3　演化博弈均衡分析

4.2.3.1　上级政府的期望收益

上级政府选择"督促"策略的期望收益为 U_{11}，选择"不督促"策略的期望收益为 U_{12}，政府的平均期望收益为 U_1，则有：

$$U_{11} = y(V_3 + V_4 - C_1) + (1 - y)(V_3 - C_1)$$
$$U_{12} = yV_4$$
$$\begin{aligned}U_1 &= xU_{11} + (1 - x)U_{12}\\ &= x[y(V_3 + V_4 - C_1) + (1 - y)(V_3 - C_1)] + (1 - x)yV_4\\ &= x(V_3 - C_1) + yV_4\end{aligned}$$

4.2.3.2　下级政府的期望收益

下级政府选择"开展"策略的期望收益为 U_{21}，选择"不开展"的期望收益为 U_{22}，下级政府的平均期望收益为 U_2，则有：

$$U_{21} = x(V_2 + E_1 - C_2) + (1 - x)(V_2 - C_2)$$
$$U_{22} = x(-E_2)$$
$$\begin{aligned}U_2 &= yU_{21} + (1 - y)U_{22}\\ &= y[x(V_2 + E_1 - C_2) + (1 - x)(V_2 - C_2)] + (1 - y)[x(-E_2)]\\ &= y(xE_1 + xE_2 + V_2 - C_2) - xE_2\end{aligned}$$

4.2.3.3 上级政府复制动态方程求解及分析

上级政府的复制动态方程为：

$$F_1(x) = \frac{dx}{dt} = x(1-x)(V_3 - C_1)$$

当 $V_3 = C_1$ 时，$F_1(x) \equiv 0$，此时，x 取任意值都为稳定状态，其复制动态相位图如图 4-1(a) 所示。

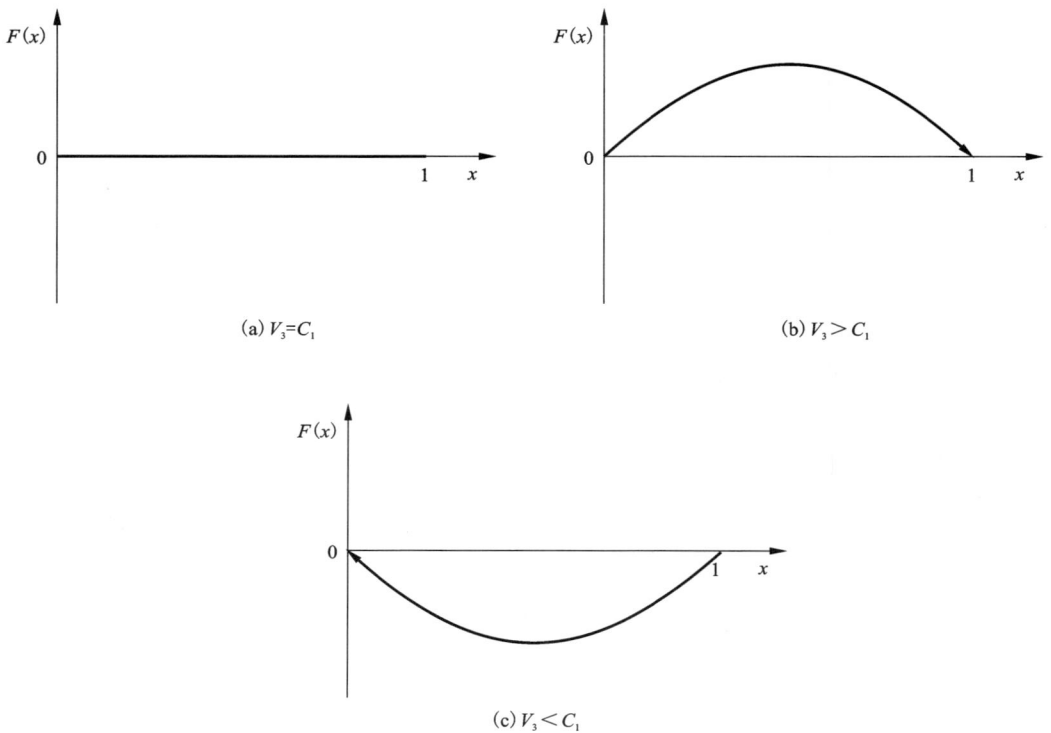

(a) $V_3 = C_1$

(b) $V_3 > C_1$

(c) $V_3 < C_1$

图 4-1 上级政府复制动态相位图

当 $V_3 \neq C_1$ 时，$x=0$ 或 $x=1$ 为两种稳定状态。对 $F_1(x)$ 求导得：

$$F_1'(x) = \frac{dF(x)}{dx} = (1-2x)(V_3 - C_1)$$

此时可分两种情况：

第一种情况：当 $V_3 > C_1$ 时，$F_1'(0) > 0$，$F_1'(1) < 0$，此时 $x=1$ 是平衡点，其复制动态相位图如图 4-1(b) 所示，上级政府选择"督促"策略为演化稳定策略。

第二种情况：当 $V_3 < C_1$ 时，$F_1'(0) < 0$，$F_1'(1) > 0$，此时 $x=0$ 是平衡点，其复制动态相位图如图 4-1(c) 所示，上级政府选择"不督促"策略为演化稳定策略。

　　由上述上级政府策略演化的复制动态方程求解分析可知，影响上级政府的演化策略只有"督促"带来的收益 V_3 和"督促"所需成本 C_1。当收益 V_3 高于成本 C_1 时，无论下级政府采取何种策略，上级政府都会倾向于"督促"下级政府。而当收益 V_3 低于成本 C_1 时，下级政府无论采取何种策略，上级政府都会倾向于"不督促"下级政府。可见，上级政府推动下级科技报告工作所要花费的资源成本和因此而获得的来自上级、社会等方面的收益是影响上级政府是否会推动下级政府开展下级政府辖区科技报告工作的重要因素。因此，提高管理效率降低行政成本，国家层面的积极推动、宣传及引起社会公众的广泛关注都将有助于上级政府"督促"下级政府"开展"地方科技报告工作。

4.2.3.4　下级政府复制动态方程求解及分析

　　下级政府的复制动态方程为：

$$F_2(y) = \frac{\mathrm{d}y}{\mathrm{d}t} = y(1 - y)(xE_1 + xE_2 + V_2 - C_2)$$

　　当 $x = \dfrac{C_2 - V_2}{E_1 + E_2}$ 时，$F_2(y) \equiv 0$，此时，y 取任意值都为稳定状态，其复制动态相位图如图 4-2(a) 所示。

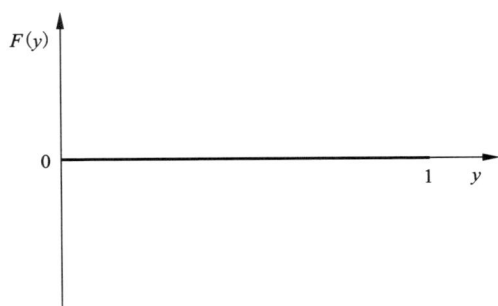

(a) $x = (C_2 - V_2)/(E_1 + E_2)$

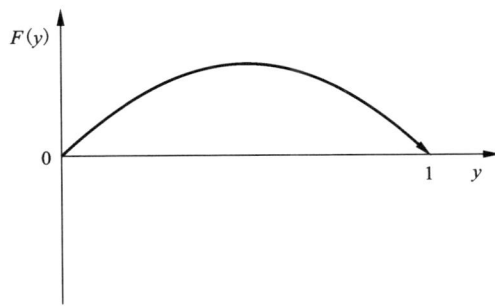

(b) $x > (C_2 - V_2)/(E_1 + E_2)$

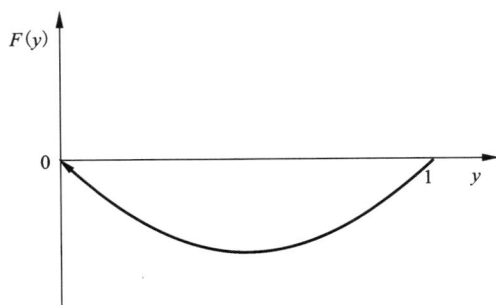

(c) $x < (C_2 - V_2)/(E_1 + E_2)$

图 4-2　下级政府复制动态相位图

当 $x \neq \dfrac{C_2 - V_2}{E_1 + E_2}$ 时，$y = 0$ 或 $y = 1$ 为两种稳定状态。对 $F_2(y)$ 求导得：

$$F'_2(y) = \frac{\mathrm{d}F(y)}{\mathrm{d}y} = (1 - 2y)(xE_1 + xE_2 + V_2 - C_2)$$

此时可分两种情况：

第一种情况，当 $x > \dfrac{C_2 - V_2}{E_1 + E_2}(x \in [0, 1])$ 时，$F'_2(0) > 0$，$F'_2(1) < 0$，此时 $y = 1$ 是平衡点，其复制动态相位图如图 4-2(b) 所示，下级政府选择"开展"策略为演化稳定策略。值得注意的是，当 $C_2 < V_2$ 时，$\dfrac{C_2 - V_2}{E_1 + E_2} < 0$，此时 $x > \dfrac{C_2 - V_2}{E_1 + E_2}$ 恒成立。

第二种情况，当 $x < \dfrac{C_2 - V_2}{E_1 + E_2}(x \in [0, 1])$ 时，$F'_2(0) < 0$，$F'_2(1) > 0$，此时 $y = 0$ 是平衡点，其复制动态相位图如图 4-2(c) 所示，下级政府选择"不开展"策略为演化稳定策略。值得注意的是，当 $C_2 - V_2 > E_1 + E_2$ 时，$\dfrac{C_2 - V_2}{E_1 + E_2} > 1$，此时 $x < \dfrac{C_2 - V_2}{E_1 + E_2}$ 恒成立。

由上述下级政府策略演化的复制动态方程求解分析可知，下级政府的演化策略会受到上级政府策略的影响，上级政府对下级科技报告工作的奖励 E_1 和惩罚 E_2 是下级政府考虑的重要因素，同时还会受到"开展"科技报告工作所需的成本 C_2 和可得到的收益 V_2 共同影响。当存在 $0 \leqslant x < \dfrac{C_2 - V_2}{E_1 + E_2}(x \in [0, 1])$ 时，当下级政府会向选择"不开展"策略方向演化，此时若采取上级政府加大对下级政府的"督促"，加大对下级科技报告工作的奖励和（或）惩罚的力度，下级政府通过优化管理，降低"开展"科技报告工作所需的成本，发挥科技报告的科研管理、科技资源服务等价值等，都会导致下级政府的策略选择由"不开展"向"开展"演化，即存在 $\dfrac{C_2 - V_2}{E_1 + E_2} < x \leqslant 1(x \in [0, 1])$。

4.2.4 策略演化的稳定性分析

根据 Ritzberger[1] 提出的观点，本研究只考虑如何推进地方科技报告工作，因此演化博弈系统稳定性分析只需要考虑 $E_1(0, 0)$、$E_2(0, 1)$、$E_3(1, 0)$ 和 $E_4(1, 1)$ 4 个点的渐进稳定性即可，系统中其他的点均为非渐进稳定状态。根据 Friedman[2] 的方法，可通过雅可比矩阵分析各个点的稳定性。本研究中双方演化博弈的雅克比矩阵为：

---

① RITZBERGER K, WEIBULL J W. Evolutionary selection in normal-form games [J]. Econometrica, 1995, 63 (6): 1371-1399.

② FRIEDMAN D. Evolutionary games in economics[J]. Economitrican, 1991(59): 637-639.

$$J = \begin{bmatrix} \dfrac{\partial F_1(x)}{\partial x} & \dfrac{\partial F_1(x)}{\partial y} \\[2mm] \dfrac{\partial F_2(y)}{\partial x} & \dfrac{\partial F_2(y)}{\partial y} \end{bmatrix} = \begin{bmatrix} (1-2x)(V_3-C_1) & 0 \\[2mm] y(1-y)(E_1+E_2) & (1-2y)(xE_1+xE_2+V_2-C_2) \end{bmatrix}$$

该矩阵行列式和迹为:

$$\det J = (1-2x)(V_3-C_1)(1-2y)(xE_1+xE_2+V_2-C_2)$$

$$\mathrm{tr}J = (1-2x)(V_3-C_1)+(1-2y)(xE_1+xE_2+V_2-C_2)$$

若某一点为演化博弈系统的演化渐进稳定点 ESS,需同时满足 $\det J>0$, $\mathrm{tr}J<0$。由此可见,此演化博弈系统的稳定性与上级政府的成本 C_1 和收益 V_3、对下级政府的奖励 E_1 和惩罚 E_2、下级政府成本 C_2 和收益 V_2 有关。

本书研究地方科技报告工作的推进机制,分析下级政府"开展"科技报告工作需要满足的条件,因此主要针对 $E_2(0,1)$ 和 $E_4(1,1)$ 两点进行稳定性分析。

对点 $E_2(0,1)$ 而言,其雅克比矩阵为:

$$J_{E2} = \begin{bmatrix} V_3-C_1 & 0 \\ 0 & C_2-V_2 \end{bmatrix}$$

由李雅谱诺夫第一法可知,该点为稳定点的条件是其特征根均小于 0,即

$$\begin{cases} V_3-C_1<0 \\ C_2-V_2<0 \end{cases}$$

上级政府的策略演化倾向于"不督促"时,下级政府仍"开展"地方科技报告工作的条件是 $V_3<C_1$, $V_2>C_2$。

对 $E_4(1,1)$ 点而言,该点的雅克比矩阵为:

$$J_{E4} = \begin{bmatrix} C_1-V_3 & 0 \\ 0 & C_2-V_2-E_1-E_2 \end{bmatrix}$$

该点为稳定点的条件是其特征根均小于 0,即

$$\begin{cases} C_1-V_3<0 \\ C_2-V_2-E_1-E_2<0 \end{cases}$$

上级政府的策略演化倾向于"督促"时,下级政府"开展"地方科技报告工作的条件是 $V_3>C_1$, $V_2+E_1+E_2>C_2$。

4.2.5　博弈模型仿真验证

为进一步分析博弈双方的策略关系,本书借助系统动力学分析的方法,对不完全信息条件下的地方科技报告工作推进演化博弈模型进行仿真检验,设置两组检验参数,具体如下:

(1)$C_1=20$, $V_3=17$, $C_2=2$, $V_2=3$, $E_1=1$, $E_2=1$ 满足在点 E_2 的稳定的条件。

(2)$C_1=20$, $V_3=25$, $C_2=2$, $V_2=1.5$, $E_1=0.5$, $E_2=0.5$ 满足在点 E_4 稳定的条件。

每种条件下各随机生成 3 组初始策略概率(x,y)进行仿真,所得结果如图 4-3 所示。

由图可知，虽然不同的初始策略概率会影响下级政府策略选择演化过程的收敛速度，但下级政府的策略选择概率最终均会收敛于 1，即采取"开展"策略。而上级政府策略演化与下级政府的类似，其收敛速度会受初始策略概率的影响，但收敛方向保持不变。不同的是上级政府的策略演化出现了分化，收敛方向受 C_1 和 V_3 赋值相对大小的影响：当 $V_3 < C_1$ 时，收敛于 0，即采取"不督促"策略；当 $V_3 > C_1$ 时，收敛于 1，即采取"督促"策略。可见，通过对模型的赋值仿真检验，进一步验证了前述的分析结果。

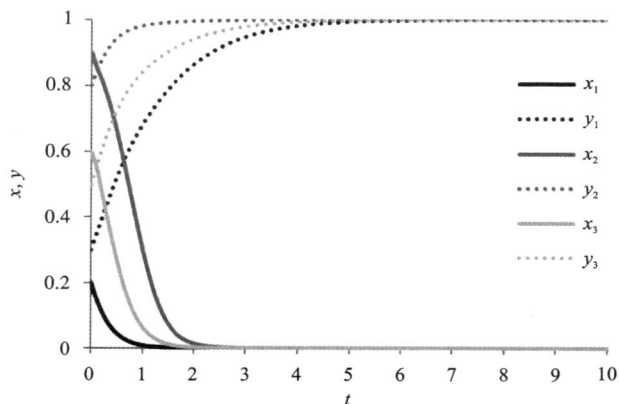

(a) 条件 (1) 下的仿真结果

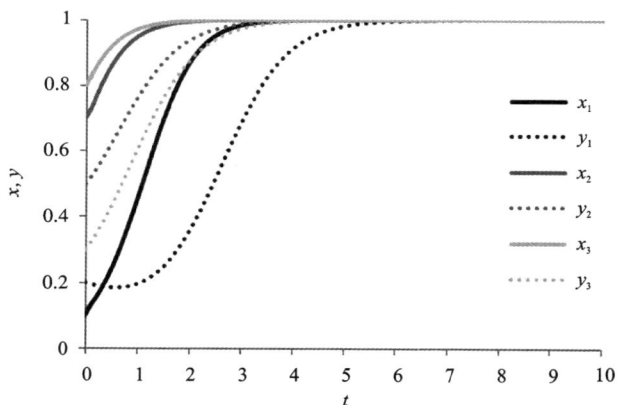

(b) 条件 (2) 下的仿真结果

x，上级政府选择"督促"策略的概率；y，下级政府选择"开展"策略的概率；t，时间。

图 4-3　博弈模型仿真验证

4.2.6　主要结论

本书从博弈论的视角，针对地方科技报告工作构建了上级政府、下级政府的演化博弈模型，并进行求解分析及验证，以此研究其推进机制。通过研究，可以得到以下结论：

（1）在上级政府和下级政府的双方演化博弈模型中，一方的期望收益会受到另外一方的影响。但由于双方在科技报告工作体系中的地位和职能不同，因而影响其进行策略选择的因素及其程度也存在差异。在地方科技报告工作中，上级政府起政策指导作用，是否"督促"下级科技报告工作，往往只考虑自身的成本和收益，当获得的收益大于成本时，即会"督促"，反之则会倾向于"不督促"。下级政府是上级政策的被动接受者，同时也是下级政府辖区科技报告工作的具体实施者，下级政府是否"开展"科技报告工作，主要受其成本和收益的影响，当收益小于成本时，则会考虑两者之差与上级政府的策略态度，主要是"督促"的积极程度、采取的奖惩措施及力度。

（2）推进地方科技报告工作需要双方共同努力。其中主要是从下级政府中着手，无论上级政府采取何种策略，下级政府都应设法尽量降低其采取推进策略的成本、提高其收益。当下级政府无论如何优化管理、提高效益，其收益始终小于成本时，上级政府应采取适当的激励措施，弥补下级政府推进科技报告工作的损失，使其在"开展"此项工作时收益为正，但此时的前提是上级政府选取"督促"策略获得的收益要大于其成本，才能保证这样的策略组合是稳定的，上级政府的激励措施是可持续的。

4.2.7　推进对策

推进地方科技报告工作，除采取上一章提到的一些通用的措施，从政府、科研单位、科研工作者、推广宣传等方面入手外，还要认识到地方科技报告工作的特殊性，采取一些有针对性的措施。首先，要因地制宜，加强顶层设计，结合地方实际，制定符合本地的管理办法，营造良好的制度环境，为从科技报告拓展奠定坚实的基础，充实科技报告资源量，扩大科技报告的覆盖面，提升科技报告影响力。其次，强化政策普及，丰富科技报告的宣传手段，建立科技报告培训机制和工作交流机制，使科技报告认知逐步从科研人员扩展到普通群众，从而营造良好的科技报告呈交和利用氛围。最后，还可进一步完善科技报告系统功能，在采用集成模式搭建系统基础上，拓展系统个性化服务功能，同时为对接各级科技管理部门的科技项目管理平台预留接口，提供较好的硬件条件支撑，方便地方科技管理部门低成本、高效地开展科技报告工作。

在阐述清楚地方科技报告工作体系中上下两级政府博弈关系，探明地方科技报告工作推进机制的同时，本书也存在一些不足之处：一是科技报告收益具有一定的滞后性和正外部性的特征，而本书研究模型的构建只考虑短期的、有限的收益和成本，这是本书的局限之处。二是两级政府间关系只是科技报告工作博弈关系网络中的一个部分，更高一层博弈关系的互作可能会使其偏离本模型的预期，增加其不确定性。三是在我国的科技报告工作体系中，除了地方科技报告工作，还有部门（行业）[①]、基层单位[②]的科技报告工作比较欠缺，这是本书未涉及的地方，值得今后进一步研究。

---

① 刘顺利，李银生，吴峰，等. 我国科技报告建设面临的发展瓶颈及其对策建议[J]. 科技管理研究，2019, 39(12)：252-256.
② 宋立荣，周杰. 国家科技报告资源建设中的质量问题思考[J]. 中国科技资源导刊，2016, 48(1)：50-56.

第 5 章

地方科技报告分类与撰写要求

5.1 研究背景

科技报告多产生于政府立项资助的重大科技目标和科技项目,是科技项目的直接产出成果,是国家和各级政府科技项目管理部门强制要求项目承担者撰写并呈缴的特种文献。科技报告可以在科技项目的实施过程中随时形成和提交,但其编写、管理和使用制度比较严密。国家 2014 年下发的《关于加快建立国家科技报告制度的指导意见》明确规定:"坚持分步实施,在相关地方和部门先行试点,要求财政性资金资助的科技项目必须呈交科技报告""坚持统一标准,规范科技报告的撰写、积累、收藏和共享"。

我国财政性资金资助的科技项目在纵向上可分为国家级、省级、市州级和县级四级,在横向上涉及教育、卫健、工信、交通运输等多个行业主管部门。在国家层面,国家级科技项目实行了统筹布局,已整合形成了国家自然科学基金、科技重大专项、重点研发计划、技术创新引导专项、基地和人才专项 5 大类科技计划(专项、基金)。在省级和市级层面,各地方参照国家科技项目设置方式,设立了种类繁多的地方科技计划、专项和基金。我国的科技报告工作主要针对财政资金支持的科技项目,目前已经建立国家、省、市三级科技报告工作体系,但各级政府推进进度不一。科技项目的多头管理和类目繁多,许多非研发类科技项目类型,如后补助项目、产业化项目、技术推广项目等等,通用性的科技报告撰写规则不太适用,给科研工作者撰写此类项目的科技报告带来了困扰,并且成为地方科技报告制度全面推行的一大障碍。

为加快推进地方科技报告工作,有必要对地方各层级和部门的科技项目特点进行系统分析,在确定特殊类型科技项目基础上,根据各类科技项目的研究任务和研究性质进行特殊类型科技项目科技报告撰写内容特点与要点分析,并编制适用于各类特殊类型科技项目的科技报告撰写模板,以扩大地方科技项目科技报告的覆盖面。2018 年 11 月,受国家科技报告管理服务中心——中国科学技术信息研究所的委托,编者以湖南为例,开展了特殊类型科技项目科技报告管理研究。

5.2　地方科技计划项目概况

5.2.1　研究范围

以湖南省为例，主要研究湖南省各市州科技行政主管部门（主要是各市州科技局）和省直部门主管的各类科技计划项目。市州方面，具体涉及 14 个市（州），分别是长沙市、株洲市、湘潭市、衡阳市、邵阳市、岳阳市、常德市、张家界市、益阳市、娄底市、郴州市、永州市、怀化市和湘西土家族苗族自治州。省直部门方面，具体涉及省发展改革委、省教育厅、省工信厅、省科技厅、省生态环境厅、省交通运输厅、省水利厅、省农业农村厅、省文化和旅游厅、省卫健委、省林业局等 11 个省政府主要厅局。

5.2.2　研究方法与途径

采取网络调研方法采集相关市州和省直部门的科技计划项目信息，重点是近三年的科技计划发布和项目立项情况。再结合访谈法，与各市州、省直部门科技计划管理相关人员进行访谈交流，修正和确认信息采集的结果，整理归纳调研数据，得到较准确的地方科技计划项目分类梳理结果。为后续进一步深入分析各市州和省直部门可提交科技报告的科技计划项目范围，以及特殊类型科技计划项目科技报告撰写特点与要点分析提供基础。

5.2.3　科技计划项目分类概况

（1）市州科技计划项目

湖南省市州科技计划项目体系较为完整，各市州均有自己的科技计划项目体系，且属性类型繁多，体系架构不尽相同，全省各市州合计涉及约 150 类具体科技计划项目。从科技活动来看，覆盖基础研究、技术攻关、转移转化、示范应用全生命周期；从科技要素来看，覆盖科学技术普及、科技平台建设、科技奖励等多类科技要素，如图 5-1 所示。以长沙市为例，长沙市科技计划项目分自然科学基金、重大专项、重点研发计划、技术创新引导计划、平台与人才计划和指令性项目六大类，其项目资助特点如表 5-1 所示。

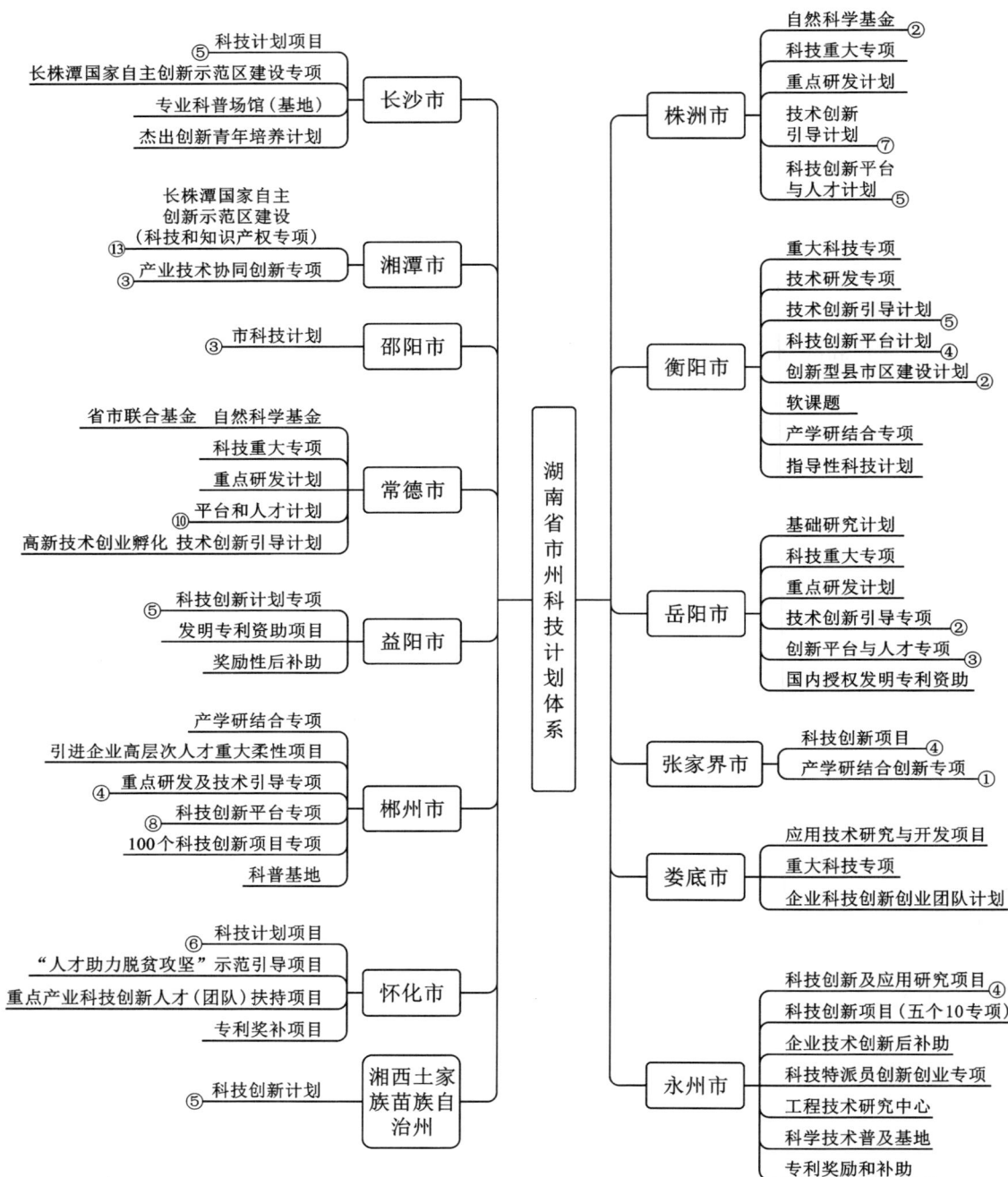

注：标号表示向下还有若干细分类别，数字大小代表细分类别个数。限于篇幅，细分类别未全部展示。

图 5-1　湖南省各市州科技计划项目分类情况

表 5-1　长沙市科技计划项目分类情况

计划类别	项目类别	项目属性
自然科学基金		基础研究类
		应用基础研究类
重大专项		重大技术攻关、成果转化、科技合作
重点研发计划	基础研究	基础理论方法、政策研究
	软科学项目	
	技术及产品开发项目	高新技术研发
	产学研合作及科技成果转化项目	科技成果后续试验、开发与应用推广
	国际合作项目	国际适用技术引进
技术创新引导计划	科技创新券	资金补贴类项目
	高新技术企业	
	科技创新"小巨人"企业研发投入补贴项目	
平台与人才计划	市级科技企业孵化器	资金补贴类项目
	市级工程技术研究中心	
	其他科技创新平台项目	资源共享、技术服务类平台建设
	科技领军人才项目	资金补贴类项目
	境外高层次人才创业项目	
	大学生创新创业项目	
	国家、省级平台配套项目	资金补贴类项目
	科普场馆项目	资金补贴类项目
	杰出创新青年培养计划	资金补贴类项目
	工业科技特派员	资金补贴类项目

（2）省直部门科技计划项目

湖南省各省直部门科技计划项目情况差异较大，行业色彩非常明显。除省科技厅外，其他省直部门在具体计划项目类型数量上不多，各省直部门主要依据主管行业与科技工作的关联关系，在各自部门设定了不同数量的科技计划项目，如图 5-2 所示。

总体来说，各省直部门是以科技计划项目为重要抓手，实现科技创新在各行各业的支撑引领作用。省科技厅作为主管全省科技创新的省级部门，科技计划项目类型最多，覆盖也最为全面。自 2017 年以来，省科技厅科技计划项目整合为五大类，分别为科技发展计划专项、产学研结合专项、长株潭国家自主创新示范区专项、中央引导地方科技发展专项、创新创业大赛专项，具体项目资助分类体系如表 5-2 所示。

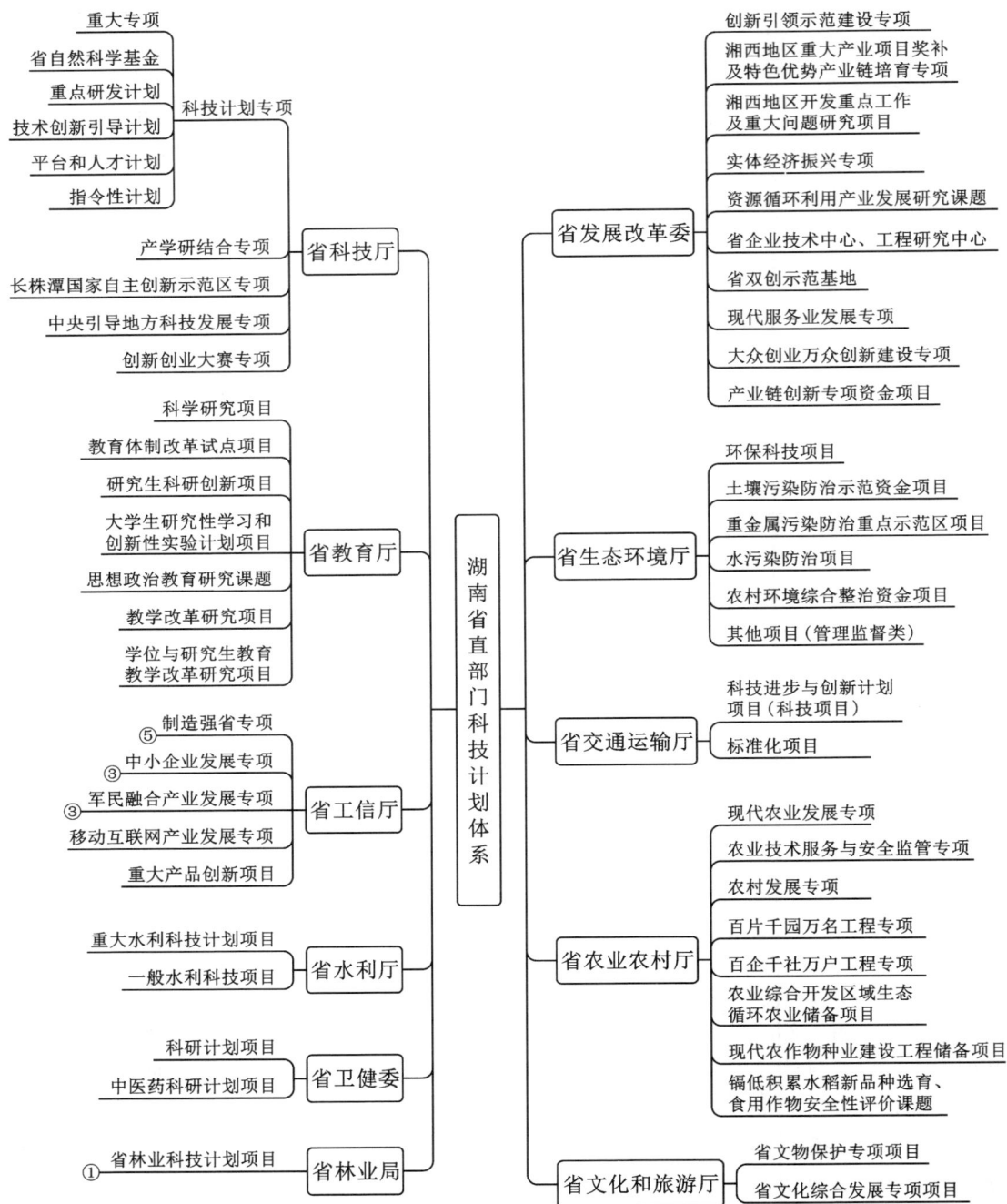

图5-2 地方省直部门科技计划项目分类情况

表 5-2　湖南省科技厅科技计划项目分类情况

专项类别	计划类别	项目类别		
科技发展计划专项	省自然科学基金	杰出青年基金项目		
		科教联合项目		
		科卫联合项目		
		面上项目		
		青年基金项目		
		省市联合基金		
	省科技重大专项	工业领域科技重大专项		
		农业领域科技重大专项		
		社会发展领域科技重大专项		
		国际与区域科技创新合作重大专项		
	省重点研发计划	应用基础研究重点项目		
		工业领域重点研发项目		
		农业领域重点研发项目		
		社会发展领域重点研发项目		
		国际与区域科技创新合作重点研发项目		
		实验动物重点研发项目		
	省技术创新引导计划	临床医疗技术创新引导项目		
		政策性项目专题		
		科技创新决策咨询暨软科学重点项目		
		科技成果转移转化专题成果市场服务类补助		
		科技成果转移转化专题成果转移转化服务类补助		
		科技成果转移转化专题技术交易类补助		
			高新技术企业培育专题	高新技术企业培育专项
				科技型中小企业上市（挂牌）专项
				创新型产业集群培育
				科技型中小微企业成长专项
			技术市场发展专题	成果市场服务绩效类
				技术转移交易类科技成果转移转化输出补助
				技术转移交易类科技成果转移转化承接补助

续表5-2

专项类别	计划类别	项目类别	
科技发展计划专项	省技术创新引导计划	科技支撑县域经济发展专题	科技成果转移转化示范县建设
			科技精准扶贫
			中药材全产业链发展
			科技惠民
			农业科技特派员
			"三区"科技人才
			企业科技特派专家
		区域科技开发合作专题	农业科技园区提质升级
			国际与区域科技合作项目
		科技创新创业环境建设专题	省级众创空间认定
			省级科技企业孵化器认定
			中药材全产业链发展
			科技企业孵化器建设
			工艺创新专项
			省级星创天地认定
			科普基地
			科普专项
			联盟项目
			省级大学科技园认定
	省科技创新平台与人才计划	重点实验室	
		工程技术研究中心	
		科技基础条件平台	
		临床医疗技术示范基地	
		临床医学研究中心	
		湖湘青年英才	
		院士专家工作站建设	
		湖南省国际科技创新合作基地	
		科技领军人才	
		长株潭创新创业团队引进	
		湖湘高层次人才聚集工程创新团队	
		湖湘高层次人才聚集工程创新人才、创业人才	
		湖南省企业科技创新创业团队支持	

续表5-2

专项类别	计划类别	项目类别
产学研结合专项	调结构稳增长	科技创新重大项目
	战略性新兴产业	关键共性技术
		重大核心技术
		重大科技成果转化
	创新创业技术投资	创新创业技术投资项目
长株潭国家自主创新示范区专项		标志性创新品牌建设
		标志性创新平台建设
		标志性创新型产业集群培育项目
		标志性创新型产业集群培育子项目
		重大标志性创新工程建设
		重大标志性项目
中央引导地方科技发展专项		科研基础条件和能力建设
		专业性技术创新平台
		科技创新创业服务机构
		科技创新项目示范
创新创业大赛专项		创新创业大赛

5.3　地方科技计划项目特点

5.3.1　地方科技计划体系整体特点

经对湖南省地方科技计划项目类型进行系统梳理，得到湖南省地方科技计划体系整体架构（图5-1、图5-2）。通过对体系整体架构分析可知，湖南省地方科技计划体系具有一定的共同特点。同时，由于各省直部门行业差异巨大，省直科技计划项目除与科技相关程度不一外，其他共性较小，故此处的总体特点凝练分析主要针对市州科技计划项目而言，不包括省直部门科技计划项目。总体来说，湖南省市州科技计划体系存在以下特点：

（1）体系架构基本完整

湖南省市州科技计划体系架构基本完整，各市州均有科技计划，只是不同市州的具体项目类型存在差别，每个项目类型下的项目数量规模不一，部分市州科技计划项目体系较丰富庞杂，而一些市州的科技计划体系则十分简略。

（2）市州科技计划体制改革进度不一

科技计划体系结构随着科技管理改革的推进处于不断演进中，科技计划项目分类是科技计划体制改革现状的具体反映。国家自上而下推行的是自然科学基金、科技重大专项、重点研发、技术创新引导、基地与人才的5大类科技计划分类方式。但从结果中可知，湖南省各市州的科技计划体制改革进度并不一致。其中，长沙市、株洲市、衡阳市、岳阳市、常德市、益阳市、湘西土家族苗族自治州（以下简称"湘西州"）基本与国家和省级计划的步调一致，实现了按5大类科技计划分类；邵阳市、娄底市、永州市、张家界市科技计划体系相对落后，仍然处于较简略或零散的状态；郴州市和怀化市实现了部分与国家和省级科技计划体系的一致，但不够彻底；湘潭市则是为了响应国家自主创新示范区建设，在实现5大类科技计划分类后，又进行了适应性改革。

（3）体系结构与经济水平相关

各市州科技计划体系体量基本与经济实力挂钩。虽然不如科技计划投入总额与经济实力的关系那么明显，但科技计划体系的丰富程度也在一定程度上可以反映各市州的经济实力。由图5-1、表5-1可知，长沙市经济实力最雄厚，科技计划体系结构也最为丰富，是湖南省所有市州中科技计划体系唯一出现了三级结构的市州。其次是株洲市、湘潭市和衡阳市，也有较为丰富的科技计划体系结构。而邵阳市、娄底市、湘西州、张家界市的科技计划体系结构则相对较简单，可见其经济实力较弱，科技经费资助的科技计划项目数量比较有限。

（4）重视重点项目投资

虽然各市州的科技计划体系不尽相同，但是均十分重视对重点项目的投资，基本上都设有重大专项（重大项目或重点项目），大部分市州都设有重点研发项目，数个市州有产学研结合专项。各市州都把保障重点任务的顺利推进作为布局科技计划项目的优先选项。

（5）科技计划体系与地情实际相结合

各市州科技计划项目体系结构虽然总体参照国家和省级体系结构，但是不少市州设置或保留了一些与地方现行重点政策、特色政策、当下地方经济社会发展实际相呼应的计划类型，形成了自己的科技计划体系地方特色。例如：长沙市作为长株潭地区的核心设有"长株潭国家自主创新示范区建设专项"，同时为培养青年创新创业人才设有"杰出创新青年培养计划"；湘潭市为推进长株潭国家自主创新示范区建设和国家知识产权示范城市建设，将两大任务充分融入了该市的科技计划体系中；永州市为配合该市"五个10"产业项目建设工程，设置了"五个10专项"；郴州市为打造承接产业转移示范区，为企业提供人才支撑，特别设置了"引进企业高层次人才重大柔性项目"，为对接落实该市"产业项目建设年"活动和"六个一"工程，设置了"100个科技创新项目"；在经济欠发达市州科技扶贫方面，怀化市曾设立"人才助力脱贫攻坚"专项，张家界市曾设立"科技精准扶贫计划"。

（6）研发与扶持并行

与国家和省级科技计划项目不同，市州的科技计划项目除了为当地科学研究和技术开发提供支持，还要直接考虑促进地方经济社会的发展，通过有限的科技计划资金扶持地方科技企业、引进科技人才、落实科技扶贫项目，以提升当地科技企业竞争力和产业生产力水平。例如，长沙市的"科技创新券"和"大学生创新创业"，岳阳市的"科技型企业创新创业扶持"，永州市的"创新创业聚集项目"，怀化市的"重点产业科技创新人才（团队）扶持项目"，张家界市的"科技精准扶贫计划"，以及多个市州的专利类补助计划等均属于扶持性质的科技计划项目。

5.3.2　特殊类型科技计划项目分布及特点

根据上述梳理结果和科技报告内涵，比照科技报告相关撰写标准要求，对湖南省各市州和各省直部门科技计划项目的科技报告撰写适合性进行分类分析。

按科技活动具体内容分，湖南省各市州和省直部门科技计划项目可分为研发类、研发平台类、科技人才类、科技合作类、推广示范类、管理科学类、创业平台类、创业人才类、补助类、科普类、产业建设类、科技服务类等类型。其中，适合撰写常规科技报告的是研发类项目；适合撰写科技报告，但通用性科技报告撰写规则不太适用的科技计划项目，如科技人才类、科技合作类、推广示范类、管理科学类等属于特殊类型科技计划项目；不适合撰写科技报告的科技计划项目类别有创业平台类、创业人才类、补助类、科普类、产业建设类和科技服务类等。

从各市州、省直部门分布来看，除邵阳市、娄底市因科技计划体系比较简单，未完整覆盖适合撰写常规科技报告、适合撰写特殊类型科技报告和不适合撰写科技报告的科技计划项目这三个分类外，其余市州均有覆盖以上三个分类。省直部门则因行业不同存在一定的差异。

（1）适合撰写常规科技报告的项目

适合撰写常规科技报告的是研发类科技计划项目。主要包括各市州的科技重大专项、重点研发计划、自然科学基金、技术研发专项、基础研究计划、科技支撑计划、产学研专项、技术创新引导计划（部分）、科技创新能力培育计划等子类型的科技计划项目，各省直部门明确用于支持行业科学研究和行业创新发展的科技计划项目。这类科技计划项目在实施前有一定的研究基础，立项前有完整的可行性分析报告，项目实施过程中有严谨的研究思路步骤、丰富的研究数据，研究结论的推敲、论证也十分缜密，具备研究的基本原理、方法、技术、过程和结果等要素，整个项目研究过程是典型的科学研究活动，完全符合撰写常规科技报告的要求。

（2）适合撰写特殊类型科技报告的项目

适合撰写特殊类型科技报告的科技计划项目的共同特征是：项目含有一定的研究内容，但是研究内容不是项目内容的全部，研究活动只是项目内容之一。适合撰写特殊类型科技报告的科技计划项目主要包括：①研发平台类。主要包括重点实验室和工程技术研究中心，以及一些新型研发机构。这类项目主要内容包括科研进展与成效、设施建设与设备采购、管理规范与优化等。②科技人才类。主要包括科技领军人才、科技特派员、院士专家工作站、创新团队、科技人才计划等。这类项目立项时并无具体的研究目标，只有研究方向，或者是由科技人才自选研究方向，并且不限于1个研究方向。③科技合作类。此类项目往往由本地研究团队与域外研究团队共同完成某一研究目标，本地研究团队虽然可以共享研究成果，但可能不完全掌握研究过程数据，且这类项目可能还包括举办国际论坛、会议、访学等交流性活动等项目实施内容。④推广示范类。此类科技计划项目是对科技成果的推广应用，直接用于改良生产工艺、提高生产力水平。其中存在一些比较性示范、适应性测试等科技活动，项目实施的重点是优良产品和先进技术的推广应用，产生一定的经济社会效益。⑤管理科学类。主要包括各市州的软科学类科技计划项目，主要研究涉及科学技术的经济、社会问题和具体的科技管理问题。此类项目虽然具有完整的研究过程，但是研究原理、手段和方法均属于社会科学类的，与自然科学类的研究项目存在明显的区别。

（3）不适合撰写科技报告的项目

部分科技计划项目由于各种原因，不适合撰写科技报告，主要包括：①创业平台类。主要包括科技企业孵化器、众创空间、星创天地、创新创业聚集项目等。这类项目主要是建设创新创业的平台载体，为科技企业入驻、运营周转提供硬件、资金等环境条件，或为科技扶贫、农业技术和医疗技术普及推广提供硬件条件。②创业人才类。主要包括境外高层次人才创业、企业创新创业人才（团队）培育建设等。与创业平台类项目类似，主要用于支持创业人才的创业、落户安置、绩效奖励等，不直接支持具体的科技研发活动内容。③补助类。主要包括科技创新券、高新技术企业补助、发明专利补助、研发经费专项后补助、研发准备金补助、科技帮扶项目等。这类项目基本采用财政经费补助的形式支持多种科技要素来促进整体科技创新能力的提升，且倾向于后补助形式，只需支持对象达到既定的补助标准即可，通常未要求以完成具体的科技研发活动为目标。④科普类。主要是指科普基地（场馆）建设支持科技计划项目，不涉及具体科技研发活动。⑤产业建设类。主要包括自主创新示范区建设专项（部分）、科技成果转移转化专项、创新型县市区建设专项等，是用于促进产业发展的综合性科技建设项目。⑥科技服务类。主要是用于促进科技服务业发展，提升科技部门服务能力的科技计划项目，如科技中介服务、科技部门办公环境条件的改造等。⑦其他类。此外，还有一些指令性计划项目和临时性项目等，不适合撰写科技报告。这些科技计划项目往往针对性强，以解决具体实际问题为目标，项目任务多为事务性内容，或定向支持以结果目标为导向，难有系统完整的研究过程。

各市州特殊类型科技计划项目分布如表5-3所示。

各省直部门特殊类型科技计划项目分布如表5-4所示。

表 5-3　湖南省各市州特殊类型科技计划项目分布

科技报告提交适合性	类型	长沙市	株洲市	湘潭市	衡阳市	邵阳市	岳阳市	常德市
适合	研发类	·重大专项 ·技术及产品开发 ·产学研合作及科技成果转化 ·自主创新示范区专项（部分）	·自然科学基金 ·科技重大专项 ·重点研发计划 ·社会公益及民生支撑	·科技重大创新项目 ·高技术领域 ·农业领域 ·社会发展领域 ·产学研合作 ·科技成果转化与产业化 ·省市联合基金 ·推进校地深度融合	·科技重大专项 ·技术研发专项 ·基础应用研究专项 ·产学研结合专项	·重大项目 ·重点项目（部分） ·一般项目（部分）	·基础研究计划 ·科技重大专项 ·重点研发计划	·省市联合基金 ·科技重大项目 ·重点研发计划
适合，特殊	研发平台类	·工程技术研究中心	·工程技术研究中心	·协同创新平台建设（部分） ·加盟研究所建设	·工程技术研究中心 ·重点实验室	—	·科技创新平台（部分）	·工程技术研究中心 ·重点实验室
	科技人才类	·科技领军人才 ·杰出创新青年培养计划	·科技特派员 ·院士专家工作站	·科技人才和服务业培育（部分）	·科技特派员创新创业专项	—	·科技特派员 ·科技创新人才团队支持计划	·院士工作站 ·创新团队
	科技合作类	·国际合作	—	—	·国际合作专项	—	—	—
	推广示范类	—	—	—	—	—	—	—
	管理科学类	·软科学	—	—	·软课题	—	—	—

续表5-3

科技报告提交适合性	类型	长沙市	株洲市	湘潭市	衡阳市	邵阳市	岳阳市	常德市
适合	创业平台类	·科技企业孵化器 ·众创空间 ·其他科技创新平台	·众创空间 ·星创天地 ·农村特色产业基地 ·临床医疗示范基地	·协同创新平台建设(部分)	·众创空间 ·星创天地	—	—	·众创空间 ·星创天地 ·科技企业孵化器
适合	创业人才类	·境外高层次人才创业				—	—	—
适合	补助类	·科技创新小巨人企业 ·高新技术企业 ·科技创新券	·大型仪器设备共享补助 ·科技创新券 ·研发经费管理试点企业	·科技后补助 ·国家知识产权示范城市建设	·创新平台后补助专项	—	·技术创新引导专项 ·国内授权发明专利资助	·高新技术企业创业 ·博士创新创业 ·高新技术创业化
适合	科普类	·专业科普场馆(基地)		·科学技术普及基地建设		—	—	·科普基地
不适合	产业建设类	·自主创新示范区专项(部分)		—	·科技成果转化专项 ·创新型县市区建设专项	—	—	—
不适合	科技服务类			·科技人才和服务业培育(部分)	·县市区科技部门能力提升专项	—	—	—
不适合	其他	·指令性计划	·综合咨询	·国际区域交流与合作	·指导性科技计划	—	—	—

续表 5-3

科技报告提交适合性	类型	张家界市	益阳市	娄底市	郴州市	永州市	怀化市	湘西州
适合	研发类	·对接省、市产业项目建设年计划 ·科技支撑计划 ·产学研结合创新专项	·科技重大专项 ·重点研发计划 ·技术创新引导计划(部分) ·基础应用研究与软科学研究计划(部分)	·应用技术研究与开发项目 ·重大科技专项	·产学研结合专项 ·重点研发计划 ·科技创新能力培育计划 ·100个科创新项目专项	·科技创新及成果转化 ·市直科研所应用研究项目 ·科技创新(五个10项目)	·科技创新与成果转化专项 ·技术创新引导计划(部分) ·应用基础研究项目	·科技重大专项 ·重点研发计划 ·技术创新引导计划(部分) ·基础理论研究计划
适合，特殊	研发平台类		·创新平台与人才计划(部分)	—	·研发中心补助	·工程技术研究中心	·科技创新平台计划(部分)	·创新平台与人才计划(部分)
	科技人才类	·科技精准扶贫计划(部分)	·创新平台与人才计划(部分)	—	·科技创新人才(部分)	·科技特派员创新创业专项	·科技人才计划(部分)	·创新平台与人才计划(部分)
	科技合作类	—	—	—	—	—	—	—
	推广示范类	·科技精准扶贫计划(部分)	—	—	—	—	·"人才助力脱贫攻坚"示范引导项目	—
	管理科学类	—	·基础应用研究与软科学研究计划(部分)	—	—	·软课题	—	—

续表5-3

科技报告提交适合性	类型	张家界市	益阳市	娄底市	郴州市	永州市	怀化市	湘西州
适合	创业平台类	—	·创新平台与人才计划（部分）	—	·科技孵化器（众创空间）补助 ·星创天地补助	·创新创业集聚项目	·科技创新平台计划（部分）	·创新平台与人才计划（部分）
	创业人才类	—	·创新平台与人才计划（部分）	·企业科技创新创业团队计划	·科技创新人才（部分）	—	·科技人才计划（部分） ·重点产业科技创新人才（团队）扶持项	·创新平台与人才计划（部分）
	补助类	·后补助支持计划	·技术创新引导计划（部分） ·奖励性后补助 ·发明专利资助项目	—	·知识产权试点示范 ·高新技术企业和孵化器奖励 ·研发准备金补助 ·科技创新券补助 ·技术市场交易补助	·企业技术创新后补助 ·专利奖励补助	·技术创新引导计划（部分） ·科技帮扶项目 ·专利奖补项目	·技术创新引导计划（部分）
不适合	科普类	—	—	—	·科普基地	·科学技术普及基地	—	—
	产业建设类	—	—	—	·知识技术产业化专项	—	—	—
	科技服务类	—	—	—	—	—	—	—
	其他	—	—	—	—	—	—	—

表 5-4　湖南省各省直部门特殊类型科技计划项目分布

科技报告提交适合性	类型	省发展改革委（含能源局）	省教育厅	省工信厅	省生态环境厅	省交通运输厅
适合	研发类	·湘西地区重大产业项目奖补及特色优势产业链培育专项 ·湘西地区开发重点工作及重大问题研究项目 ·实体经济振兴专项 ·资源循环利用产业发展研究课题	·科学研究项目 ·教育体制改革试点项目 ·研究生科研创新项目 ·大学生研究性学习和创新性实验计划项目 ·思想政治教育研究课题	·制造强省"1274"行动计划重点项目 ·工业新兴优势产业链重点项目 ·军民融合产业发展专项:引导类项目 ·军民融合产业发展专项:省委、省政府明确支持的项目 ·重大产品创新项目	·环保科技项目 ·科技进步与创新计划项目（科技项目）	—

续表5-4

科技报告提交适合性	类型	省发展改革委（含能源局）	省教育厅	省工信厅	省生态环境厅	省交通运输厅
适合、特殊	研发平台类	· 创新引领示范建设专项 · 省企业技术中心、工程研究中心 · 省双创示范基地 · 现代服务业发展专项 · 大众创业万众创新建设专项 · 产业链创新专项资金项目	· 教学改革研究项目	· 制造强省专项：公共服务平台项目 · 制造强省专项：省委、省政府明确支持的项目	—	—
	科技人才类	—	· 学位与研究生教育教学改革研究项目	· 中小企业发展专项：服务能力建设项目	—	—
不适合	补助类	—	—	· 制造强省专项：首台套、首批次；企业培育发展等专项 · 中小企业发展专项：转型升级类项目 · 中小企业发展专项：业务补助，创新创业大赛、教育培训类项目 · 军民融合产业发展专项；奖补配套类项目 · 移动互联网产业发展专项	· 土壤污染治治示范资金项目 · 重金属污染防治重点示范区项目 · 水污染防治项目 · 农村环境综合整治资金项目 · 其他项目（管理监督类）	· 标准化项目

续表 5-4

科技报告提交适合性	类型	省水利厅	省农业农村厅	省文化和旅游厅	省卫健委（含中医药管理局）	省林业局
适合	研发类	· 重大水利科技计划项目	· 现代农业发展专项：粮油生产稳量提质增效，经作产业发展 · 农业技术服务与安全监管专项：农业科教培育开发、重大项目前期与对口援助等万名工程 · 生态循环农业储备项目 · 新品种选育、食用作物安全性评价课题	—	· 科研计划项目 · 中医药科研计划项目	· 林业科技创新计划项目 · 林业标准化计划项目 · 科技创新计划项目 · 省级林下经济项目资金 · 油茶产业发展专项资金项目 · 林产工业建设专项和竹产业加工专项 · 林木良种繁育专项资金项目 · 植树种花并产业培育项目
适合	研发平台类	· 一般水利科技项目	· 农业技术服务与安全监管专项：耕地保护与地力提升 · 种业建设工程储备项目	· 省文物保护专项资金	—	—
适合、特殊	科技人才类	—	—	—	—	· 林业科技特派员项目
适合、特殊	推广示范类	· 一般水利科技项目	—	—	—	· 林业科技推广项目 · 林业科技进农村入户项目
不适合	补助类	—	· 现代农业发展专项：一化四体系与三产融合，技能培训补贴等 · 农业技术服务与安全监管专项：农业综合执法等 · 农村发展工程 · 千园工程 · 百企工程	· 省文化综合发展专项资金	· 林场补助专项资金项目 · 林路养护项目资金 · 秀美林场补助资金 · 森林防火专项资金项目	—

5.4 基于研究内容性质的地方科技报告分类

科技计划项目内容按科技活动类型一般可分为基础研究、应用研究、试验发展、研究与试验发展成果应用、推广示范与科技服务、生产性活动等六大类。不同科技活动类型科技计划项目的性质特点不同,其研究的内容性质也有较大差别。其中,基础研究、应用研究、试验发展、研究与试验发展成果应用四类科技计划项目有着大量的试验、分析、测试等研究内容,会产生大量的研究数据,撰写科技报告时,按照科技报告通用要求如实、完整地描述项目研究的基本原理、方法、技术、研究过程与结果即可。推广示范与科技服务、生产性活动两类科技计划项目直接面向行业生产,重在技术的推广示范应用,以生产为主、适应性的研究调试为辅,研究内容较少,且其研究内容与其他四类科技计划项目差异较大,反映在科技报告内容上即为正文主体部分差别较大,部分内容难以满足狭义的通用科技报告撰写要求,在撰写科技报告时应区分对待,需要对这两类项目的部分内容是否编入科技报告进行取舍,或者对部分科技报告要素要求的概念内涵进行特别的修正或拓展。

为此,编者从上述湖南省地方科技计划项目分类特点情况入手,结合自身对国家科技报告,及广东、江苏、浙江各省科技报告主管部门的实地走访调研,以及对北京、广西、辽宁、山东等省份科技报告工作的网络调研,将适合撰写科技报告的科技计划项目分为常规科技研发项目、科技平台服务建设类项目、科技人才培养支持类项目、跨单位跨区域科技合作类项目、科技示范推广类项目、科技相关社会科学类项目、科技奖励类项目等,并认为后六类科技计划项目研究内容与常规科技研发项目的区别较大,需要在通用规范要求的基础上提供特殊的撰写指导。综上可知,根据正文主体部分是否需要提供特殊的撰写指导,科技报告分为通用类型和特殊类型,特殊类型科技报告又可分为研发平台类、创新人才类、科技合作类、推广示范类、软科学类和科技奖励类六种类型(表5-5)。

表 5-5 基于内容的地方科技报告分类

科技计划项目类型	对应的科技报告类型	
常规科技研发项目	通用类型	
科技平台服务建设类项目	特殊类型	研发平台类
科技人才培养支持类项目	特殊类型	创新人才类
跨单位跨区域科技合作类项目	特殊类型	科技合作类
科技示范推广类项目	特殊类型	推广示范类
科技相关社会科学类项目	特殊类型	软科学类
科技奖励类项目	特殊类型	科技奖励类

5.5　通用类型科技报告的撰写要求

通用类型科技报告适用于典型的常规性研发类科技项目，其撰写严格参照国家《科技报告编写规则》（GB/T 7713.3—2014）、《科技报告编号规则》（GB/T 15416—2014）、《科技报告保密等级代码与标识》（GB/T 30534—2014）3 个标准及地方科技报告撰写规范要求进行，包括科技报告的结构、构成要素及编写、编排格式等，具体要求如下。

5.5.1　构成要素

完整的科技报告由前置部分、正文部分、结尾部分三大部分构成，每一部分又由不同的要素组成。按照科技报告是否必须具备这些要素的状态来划分，可将这些要素划分为必备要素和可选要素两大类。其中，必备要素是科技报告必须包含的要素，包括前置部分的封面、辑要页、目次，正文部分的引言、主体、结论和建议部分，其余各要素均为可选要素，具体构成如表 5-6 所示。

表 5-6　通用类型科技报告常见构成要素

组成		状态	内容/功能
前置部分	封面	必备	提供题名、报告编号、密级、完成单位、完成日期等信息
	辑要页	必备	集成封面信息、摘要、关键词、项目信息、使用权限等信息
	目次	必备	描述报告的整体结构
	插图和附表清单	可选，有则必备	描述报告的结构
正文部分	引言部分	必备	简要说明研究工作的背景、目的、范围、意义、前人的研究情况等
	主体部分	必备	完整描述研究对象、基本理论、研究方法、实验方法、方案论证、设计依据、参数选择、工艺配方、程序、实验数据及观察记录等主要数据、计算和数学推导对结果的分析研究等
	结论和建议部分	必备	描述研究的最终结论和研究建议
	参考文献	可选，有则必备	
结尾部分	附录	可选，有则必备	编入正文不合适但对保证正文的完整性又是必需的材料，如某些重要的原始数据、数学推导、计算程序、图、表或设备、技术等的详细描述

5.5.2　总体要求

科技报告必须由科研项目的主要完成人员撰写。科技报告的内容应完整、真实、准确、易读，有一定的技术含量和保存利用价值。

5.5.2.1　体例要求

科技报告是对科研活动的过程、进展和结果进行描述，并按照规定的标准格式编写而成的科技文献。所以，科技报告应按照科学技术论文的格式来撰写，主要是针对研究对象、研究过程、研究方法和研究结果等进行描述，而非针对本项目或本课题等，这与项目、课题结题验收时提交的验收报告存在着明显的差异。

科技报告撰写要分章节，且章节安排要有系统性和逻辑性，章节结构和章节标准应清晰明了，并针对科学技术内容自拟标题，报告撰写主要针对科研人员或同行，而非管理者，应以第三人称撰写。

科技报告撰写要依据研究对象特点和研究过程阶段，就本身的创新内容进行详细记录，所以不同类型科技报告的撰写要有一定差异，如试验/实验报告和研究分析报告就有一定的写作差异。

5.5.2.2　内容要求

一个科技项目可以产生多份科技报告，根据与项目的时间节点对应关系和涵盖的内容范围，科技报告可分为专题报告、进展报告、最终报告、组织管理报告等类型。由于涉及的学科、选题、方法、工作进程、结果表达、写作目的等不同，不同项目科技报告正文内容的具体构成或撰写方法有很大的差异，很难做出统一规定和要求。但是，每种类型的科技报告，会有一些共性特点。

最终报告是最常见的科技报告类型，是为项目结题验收而编写、作为项目验收必备材料的一种科技报告类型，需全面描述研究工作的目的、过程和结果，包括经验和教训，要以数据、图表、照片等充分展示所做的工作。必要时，可简要描述项目先前的专题报告和进展报告，但不需过多描述项目来源等事务性内容，不需描述财务内容。最终报告的正文内容通常包括：引言、主体、结论与建议、参考文献。

专题报告包括分析/研究报告、试验/实验报告、工程/生产/运行报告等，因报告属性的不同内容差异较大，主要是针对科技项目中的某个问题、某一方向或某一子课题内容而编写。结构与最终报告类似，篇幅可长可短，短则数十页，长则可达数百页甚至上千页，专业性强。分析/研究报告正文内容通常包括：引言、研究分析方法、研究分析过程、结果与讨论、结论与建议、参考文献。试验/实验报告正文内容通常包括：引言、试验/实验材料和设备、试验/实验过程和数据处理、试验/实验结果、结论与建议、参考文献。

进展报告主要描述项目合同规定时间范围内项目研究的目的、内容、方法和过程，以及在此阶段内所取得的进展、获得的经验、工作的失误和教训等内容，同时应描述下一阶段研究工作的建议和初步安排等。进展报告包括阶段报告、中期报告、年度报告甚至季度报告等，是项目实施过程跟踪、管理和监督的主要依据。此类报告与最终报告、专题报告最大的不同是，必须描述下一阶段或年度的工作计划等内容。

5.5.2.3　编排格式要求

科技报告应采用国家正式公布实施的简化汉字编写，使用的标点符号应符合 GB/T 15834—2011 的规定。科技报告中涉及的计量单位应采用国家法定计量单位。

科技报告中的插图、附表、照片等必须完整，确保能够复制或缩微。报告中使用的术语、符号、代号必须全文统一，并符合规范化的要求。

电子版科技报告应采用通用 Word 文件格式，且页面大小采用 A4 纸普通页边距。印刷版科技报告宜用 A4 纸张，且科技报告的纸质、用墨、版面设计等应便于科技报告的印刷、装订、阅读、复制和缩微。

科技报告各构成要素中，除章节标题、图表的行距可按需另设，其他内容均采用 1.5 倍行距，文字宜采用的字体和字号要求如表 5-7 所示。

表 5-7　科技报告各构成要素编排格式要求

构成	组成	文字内容	字体和字号
前置部分	封面题名页	题名等主要内容	三号宋体
		科技报告编号	Times New Roman 四号
		公开范围	四号宋体
	辑要页	辑要页各数据项内容	小四号宋体
	前言致谢目次	标题	四号黑体
		具体内容	小四号宋体
	插图和附表清单	标题	四号黑体
		清单内容	小四号宋体
	符号和缩略语说明	标题	四号黑体
		说明内容	小四号宋体
正文部分	引言、主体、结论和建议部分	章、节的标号和标题	小三号黑体、四号黑体
		正文内容	小四号宋体
		图表编号和标题	五号黑体
		表文	五号宋体
		注释	五号宋体
	参考文献	标题	小三号黑体
		参考文献列表	小四号宋体

续表5-7

构成	组成	文字内容	字体和字号
结尾 部分	附录与 索引	标题	小三号黑体
		附录与索引内容	小四号宋体

5.5.3　封面基本要求

科技报告必须具备封面。封面应提供描述科技报告的主要元数据信息，包括科技报告编号、科技报告密级、报告名称、支持渠道、报告类别、编制单位、编制时间等数据项，且各数据项在著录中必须使用全称。

5.5.4　基本信息表基本要求

基本信息表(辑要页)集中描述科技报告的基本特征，提供加工、检索科技报告所需要的所有相关书目元数据信息，包括报告名称、报告作者及单位、使用范围、摘要、关键词等元数据。

5.5.5　目次基本要求

科技报告必须有目次，电子版科技报告的目次应自动生成。目次一般不超过四级，目次内容应包括章节编号、标题和页码。章节编号必须采用阿拉伯数字，引言一般不编号，也可以用阿拉伯数字"0"作为编号，主体部分的章节从"1"开始编号。

5.5.6　图表清单基本要求

科技报告中插图和附表较多时，应分别列出插图清单和附表清单，且插图清单在前，附表清单在后。插图和附表两者中一项较多而另一项较少时，可将两者合并列出图表清单。插图清单应列出图序、图题和页码，附表清单应列出表序、表题和页码。图表清单应另起一页，置于目次之后。

图、表等一律用阿拉伯数字分别依序连续编号。可以按出现先后顺序，从引言开始一直到参考文献之间，连续统一编号。5章以上的大中型报告，图、表、公式可以分章或分篇依序分别连续篇号，即前一数字为章、篇的编号，后一数字为本章、本篇内的顺序号，两数字间用"-"连接。如图2-1、表2-1等。全文编号方式必须一致。

5.5.7　正文基本要求

科技报告正文总体结构上应包括引言部分、主体部分和结论部分，以参考文献结尾。"引言""结论"可以作为章标题，"主体""正文"不能作为章标题。

科技报告正文部分要求从技术内容论述角度、采用技术论文的体例撰写，要针对研究对象、研究过程和研究方法、技术和结果等进行描述。文中不使用"本项目""本课题""本专项""项目组""课题组""本文"等词语，一律改用"本研究""本报告"等措辞。科技报告全文中应少涉及或不涉及组织管理方面的内容，不包括项目（课题）财务信息等内容。

（1）引言部分

引言部分论述有关研究背景、目的、范围、意义、相关领域的前人工作情况、理论基础和分析、研究设想、方法、实验设计、预期结果等，可以是一段话，也可以分小节论述。可以"引言"为章标题论述或另立更贴切的标题。

国内外现状、研究内容、研究目标、技术指标、研究思路、技术路线、技术方案等内容可以放入"引言"，也可以作为研究概述、研究总论、技术路线等单独成章论述。

（2）主体部分

主体部分应参照项目任务书中的主要研究内容或任务，针对各个技术点（研究任务或内容），自拟标题，按照研究流程或技术点，分章节论述。应完整描述项目研究工作的基本理论、研究假设、研究方法、试验/实验方法、研究过程等，应对使用到的关键装置、仪表仪器、原材料等进行描述与说明。

（3）结论部分

科技报告不应缺少结论部分。结论部分可以论述有关研究成果、研究发现、创新点，以及问题、经验和建议等内容，可以评价研究成果及发现的作用、影响、展望应用前景等。如果不能得出结论，应进行必要的讨论。还可以对下一步的工作设想、未来的研究活动、存在的问题及解决办法等提出一系列的行动建议。

结论部分以"结论"或者"结论与建议"作为章标题。结论不是工作小结，不是正文中各段小结的简单重复。

（4）参考文献

科技报告中所有被引用的文献都要列入参考文献中。未被引用但被阅读或具有补充信息的文献可作为附录列于"参考书目"中。参考文献的著录项目和著录格式应符合 GB/T 7714—2015 的规定。

5.5.8　附录基本要求

附录是科技报告主体部分的补充部分，可汇集以下内容：（1）编入正文影响论述的条理和逻辑性，但对保证报告的完整性又是必需的材料；（2）正文中未被引用但具有补充参考价值的材料。

具体而言,附录可以包括辅助性的图、表、数据,数学推导、计算程序,设备、技术的详细描述等资料,以及研究项目已申请或获得授权的发明专利等知识产权情况、著作权、发表论文、教材、项目奖励等成果情况。

5.6 特殊类型科技报告的撰写要求

研发平台类、创新人才类、科技合作类、推广示范类、软科学类、科技奖励类等特殊类型科技报告,因其内容的特殊性,在撰写时除要参照国家相关编写标准,满足通用科技报告结构、构成要素及编写、编排格式的撰写要求之外,还需要对其特殊内容的撰写要求进行进一步明确,以反映其内容特点。结合特殊类型科技项目的特性,编者认为六种特殊类型科技报告的撰写内容要点如下。

5.6.1 平台类科技报告撰写内容要点

平台类科技项目的设立主要是为创造和改善科技创新环境条件,为科技创新提供依托和支撑。科技创新平台大致可分为研发类平台和创业类平台两大类,具体又可分为基础与应用基础研究类、技术创新与成果转化类、创新创业服务类、条件保障类。湖南省平台类科技项目主要有:省重点实验室、工程技术研究中心、临床医学研究中心(基地)、国际科技创新合作基地、科技企业孵化器、众创空间、星创天地、产业技术创新战略联盟、科技资源共享服务平台等。其中,众创空间、星创天地、科技企业孵化器等属于创业类平台,不适合撰写科技报告,但省重点实验室、工程技术研究中心、临床医学研究中心(基地)属于研发类平台,研发活动及成效是项目任务内容之一,适合撰写特殊类型科技报告。

研发平台类科技计划项目科技报告,除了需要具备常规的"引言—正文—结论"主体框架,在正文中还应包括以下几方面内容:

(1)代表性创新成果。科技平台(基地)相关研究团队近年来取得的主要代表性研究成果介绍,包括原理、材料、方法、过程和结果。描述的详细粒度以基本能反映研究思路和结果,其他学者基本可根据描述重复研究过程、重现研究结果为准。有多项研究成果时,按其重要程度和参与度大小,依次分节描述。

(2)经济社会效益。对于主要从事应用研究的平台,开发的技术和产品已经进入应用阶段,存在实际应用场景的,如进入中试阶段,或已经工程化、规模化应用,可详述其成果转化和产业化经济社会效益情况。

(3)项目执行期主要研究内容。需要在项目执行期内完成新的研究任务的平台类科技项目,还需描述项目执行期内取得的研究情况或建设进展。此部分如涉及技术研究可按照科技报告主体部分的通用要求撰写,如涉及平台建设,应详述建设方案、建设过程、建成结果的展示,主要以照片结合图片、列表的形式佐证已完成的建设工作。

(4)已有条件基础介绍。除主要创新成果外,还需介绍承担单位及主要参与单位其他方面的研发基础及条件,如已开展的前期工作、科研硬件条件、学科优势、已有创新平台、科技人才(团队)等。

5.6.2　创新人才类科技报告撰写内容要点

创新人才类科技项目设立的主要目的在于促进产业科技创新,做好科技创新人才引进、培养、使用等方面工作,加大对高水平科技创新人才和团队支持力度。科技人才类项目大致可分为创新人才类、创业人才类两大类。湖南省级人才类科技项目以"芙蓉人才行动计划"为指引,各市州和省直部门的科技人才类科技计划项目主要有湖湘高层次人才聚集工程、科技领军人才(团队)、湖湘青年英才、大学生科技创新创业、院士专家工作站、科技特派员创新创业、引进国外智力专项、企业科技创新创业人才(团队)等。其中,湖湘高层次人才聚集工程、科技领军人才(团队)、湖湘青年英才以及部分院士专家工作站、科技特派员创新创业、引进国外智力专项,存在一定的科技研究任务,适合撰写特殊类型科技报告。

创新人才类科技计划项目科技报告,除了需要具备常规的"引言—正文—结论"主体框架,还应注意描述以下几方面内容:

(1)代表性创新成果。科技创新人才(团队)近年来取得的主要代表性研究成果介绍,包括原理、材料、方法、过程和结果。描述的详细粒度以基本能反映研究思路和结果,其他学者基本可根据描述重复研究过程、重现研究结果为准。有多项研究成果时,按其重要程度和参与度大小,依次分节描述。

(2)经济社会效益。从事技术和产品开发的创新人才(团队),尤其是企业类创新人才(团队),若有相关技术和产品已经进入应用阶段,存在实际应用场景的,如进入中试阶段,或已经工程化、规模化应用,可详述其成果转化和产业化经济社会效益情况。

(3)主要研究内容。需要在项目执行期内完成新的研究任务的创新人才(团队)类科技项目,如院士专家工作站建设、科技特派员创新创业等,还需描述项目执行期内取得的研究情况或建设进展。此部分如涉及技术研究可按照科技报告主体部分的通用要求撰写,如涉及平台建设,可参照平台类撰写要求撰写。

(4)依托单位(平台)介绍。依托单位为高校、科研院所的项目需介绍承担单位及主要参与单位研发基础及条件,如已开展的前期工作、科研硬件条件、学科优势等。依托单位为企业的项目还需介绍企业基本情况、技术和管理团队情况、技术和品牌经营管理情况、市场前景等。

需要特别说明的是,院士专家工作站属于人才与平台综合类科技计划项目,此类项目科技报告除人才建设内容外,还应介绍项目执行期内,项目团队在平台软、硬件搭建方面的内容。此部分内容简明扼要即可,不宜详述所有,以免变成事务性陈述。

5.6.3　科技合作类科技报告撰写内容要点

科技合作类项目主要是为了发挥双方的研究优势,实现科学技术难点的联合攻关,或促进科技交流与合作而设立。科技合作类科技项目根据合作方式的不同,又可分为 3 类:

（1）合作立项，分工研究。双方联合确立研究思路，完成项目申报，然后分工完成各自分配的研究内容。（2）不同科技要素合作。双方提供的科技要素不同，互补开展合作研究，如我方研究人员在合作方提供的硬件条件上开展研究，或者合作方为我方需求提供研究服务等。（3）在研究的同时开展国际交流合作，如项目内容除了正常研究，还包含举办国际学术交流会等。科技合作类科技项目，除单纯为举办区域或国际论坛、会议、访学等交流性活动提供经费支持的项目外，其他科技合作项目均有一定的研究内容，且我方研究团队虽然可能不完全掌握研究过程数据，但可以共享研究成果，因而可以撰写特殊类型科技报告，学术研究内容部分可按通用要求撰写，但是不能忽略科技合作管理、学术交流开展等合作性内容。

科技合作类科技计划项目科技报告，除了需要具备常规的"引言—正文—结论"主体框架，还应注意描述以下几方面内容：

（1）研究整体框架思路。科技合作类研究项目最大的特点是分工合作。在引言部分，需要分别简要描述双方在此方面的研究基础、合作基础及机制、研究任务分工等情况，以使整个研究项目推进的过程路径清晰明了。

（2）我方研究内容。此部分研究内容，由于研究的全过程由本地研究团队掌握，因此可按科技报告正文的常规要求来撰写。应用丰富的图表数据，需要如实、完整地描述此部分研究的基本原理、方法、技术、研究过程与结果等。如果存在多个研究点，则建议分研究点依次进行描述。

（3）合作方研究内容。此部分研究内容，由于研究的全过程由域外合作研究团队掌握，本地研究团队只是共享了研究结果结论，或者能够获取研究过程数据，但不了解分析过程细节。因此，此部分内容可稍简略，研究方法基本明确，过程基本清晰，研究结果结论表述完整准确即可，也可要求合作方按科技报告正文的常规要求撰写并提供。如果存在多个研究点，则建议分研究点依次进行描述。

（4）交流性内容。部分科技合作类项目还存在一些举办论坛、会议、访学等任务指标。科技报告可在描述所有研究性内容后，用一个章节来简述这些活动开展的过程、结果和成效，并辅以照片或图表等佐证项目已如期按要求完成相关指标。内容表述时简明扼要，表述事实完整清晰即可。

5.6.4　推广示范类科技报告撰写内容要点

推广示范类科技项目包括推广示范、科技服务和生产性活动。此类项目多属于农业领域，与科技支撑乡村全面振兴工作关联度较大。推广类科技项目是对技术及产品进行应用上的支持，项目内容涉及实际生产应用较多。此类项目往往包含研发、示范、推广等多类科技活动，因此该类项目适合撰写特殊类型科技报告。

该类项目科技报告的撰写在参考通用标准规范要求基础上，正文应注意包括以下几方面内容：

（1）拟推广技术（产品）的研制情况。包括技术（产品）研制的原理、材料、方法、过程和结果等。此部分可按照科技报告主体部分的通用要求撰写。

（2）拟推广技术（产品）的特点介绍。对于已由己方或他方研发完成的拟推广技术（产品），需介绍该技术（产品）的性能特点、技术参数，如使用方法、操作流程、适用范围、注意事项等。

（3）推广企业、推广地的情况简介。例如，企业已有的研发、生产条件，包括设备、人员、技术等，示范基地所属地区的自然气候条件、地理条件、农业生产水平、生产习惯等。

（4）拟推广技术（产品）在推广企业、推广地的应用情况。包括推广使用过程、比较及其数据佐证，如产品的安装、技术的培训、设备的调试、生产条件的改造施工、设备的运行维护、技术指导等。与改进前生产性能比较、生产效率比较、传统技术（产品）的比较等。

（5）推广示范的总结。技术（产品）在企业、示范基地推广后取得的技术、经济、社会效益，存在的问题，问题产生原因的分析讨论，以及进一步优化改进的对策建议等。

5.6.5　科技奖励类科技报告撰写内容要点

奖励类科技项目是对在科学发现、技术发明和促进科学技术进步等方面做出突出贡献的个人和组织的表彰，是对科研工作者的一种的支持与鼓励。按奖励类别分，主要包括自然科学奖、技术发明奖、科学技术进步奖、国际科学技术合作奖、科学技术创新团队奖等。严格意义上讲，此类项目属于奖励性补助，无须撰写科技报告，但是因为获奖科技项目往往在所有参评项目中较为优秀，具备一定的先进性或较大的经济社会价值，研究相关的材料内容相对完备、易于整理。因此，应尽可能撰写科技报告，完整详尽地介绍获奖项目的技术内容，以供其他科研人员学习参考。

此类科技项目科技报告在正文主体中应包括以下几方面内容：

（1）研究基础介绍。包括研究者（团队）和研究机构（平台）的介绍。如介绍团队、团队带头人、成果第一完成人的研究基本情况，主要完成单位对获奖项目科技创新和推广应用情况的贡献。存在多个研究者（团队）和研究机构（平台）时，介绍的顺序按研究贡献大小和参与度高低进行。

（2）科学技术创新内容。对主要研究内容/任务，针对各个技术点，自拟标题，按照研究流程或技术点，分章节逐一论述各项研究内容的研究方案、研究方法、研究过程、研究结果等信息，提供必要的图、表、实验及观察数据等信息，并对项目突破的关键核心技术、使用到的关键装置、仪表仪器、材料原料等进行描述和说明。

（3）推广示范情况。已产生经济社会效益的科技成果，应简要介绍科技成果推广情况，包括时间、地点、单位、方式方法、推广的内容、应用效果等要素。

（4）第三方评价结果。科技奖励的第三方评价结果是科技奖励项目获奖的依据之一。该部分内容为科技奖励项目特有且必需的，应置于科技报告附录中。常见的第三方评价结果包括国内外著名专家对该系列研究相关课题的评价，国内权威核心期刊及检索系统（查新）对该系列研究相关课题的评价，通过各种途径查阅该系列研究相关课题的国际影响（前后五年）等。

5.7 特殊类型科技报告撰写模板编制

5.7.1 科技报告撰写模板通用要求

科技报告必须由科研项目的主要完成人员撰写。按照《科技报告编写规则》（GB/T 7713.3—2014）、《科技报告编号规划》（GB/T 15416—2014）、《科技报告保密等级代码与标识》（GB/T 30534—2014）和《科技报告元数据标准》（GB/T 30535—2014）4 个国家标准，对科技报告的结构、构成要素以及编写、编排格式等进行规范。科技报告的内容应完整、真实、准确、易读，有一定的技术含量和保存利用价值。

从构成要素上看，完整的科技报告由前置部分、正文部分、结尾部分三大部分构成，每一部分又由不同的要素组成。按照科技报告是否必须具备这些要素的状态来划分，可将这些要素划分为必备要素和可选要素两大类。其中，必备要素是科技报告必须包含的要素，包括前置部分的封面、辑要页、目次，正文部分的引言、主体、结论和建议部分。通用类型科技报告撰写相关细节要求在前述内容中已有充分描述，在此不做赘述。

5.7.2 平台类科技项目科技报告模板

根据研发平台类科技项目特点，编者凝练了该类项目科技报告撰写需要涵盖代表性创新成果、经济社会效益、项目执行期主要研究内容、已有条件基础介绍等要点，结合通用类型科技报告撰写要求，现以湖南省科技创新平台与人才计划项目"电传动控制与智能装备湖南省重点实验室建设"为例，将研发平台类科技报告撰写模板进行总结，如图5-3所示。各章节中，第1.3.1 小节介绍了"代表性研究成果"，第1.3.2 小节介绍了"已具备的科研条件"，第1.4 小节和第2 至第4 章是关于"项目执行期主要研究内容"的介绍，第5 章是研究内容中"平台建设"的相关描述，第6 章是该平台产生的"经济社会效益"相关情况介绍。

```
                电传动控制与智能装备湖南省重点实验室建设
                              目录
1  研究概况
  1.1  实验室建设目的与意义
    1.1.1  建设目的
    1.1.2  建设意义
  1.2  国内外研究现状
    1.2.1  电传动系统网络化控制
    1.2.2  电气传动与故障诊断
    1.2.3  系统建模与智能装备
```

1.3　现有研究基础

　1.3.1　代表性研究成果

　1.3.2　已具备的科研条件

1.4　平台建设期主要研究内容

2　电传动系统网络化控制

2.1　具有时滞的电传动网络系统稳定性分析

2.2　电传动系统网络化控制

2.3　基于 WAMS 的牵引供电网络系统的广域保护

3　电气传动与故障诊断

3.1　传动系统检测与试验

3.2　电传动控制技术

3.3　智能检测与故障诊断

4　系统建模与智能装备

4.1　机车复杂电气系统建模与分析

4.2　绿色列车供电网建模与分析

4.3　机车关键装备智能测试系统

5　实验室环境条件建设

6　研究成果转化应用

6.1　STM32F74 控制平台引导程序开发

6.2　智慧公厕管理系统开发

6.3　接插件线号识别系统

7　结论

参考文献

图 5-3　研发平台类科技报告样例

5.7.3　创新人才类科技项目科技报告模板

　　根据创新人才类科技项目特点，编者凝练了该类项目科技报告撰写需要涵盖代表性创新成果、经济社会效益、主要研究内容、依托平台介绍等要点，结合通用类型科技报告撰写要求，现以湖南省科技创新平台与人才计划项目某"湖湘青年英才"为例，将创新人才类科技报告撰写模板进行总结，如图 5-4 所示。该创新人才类项目自选研究课题为"猪肠道氨基酸利用和细胞代谢研究"，各章节中，第 2 章为"依托单位(平台)介绍"，第 3 章介绍了"代表性研究成果"，第 4 章项目执行期确定的"主要研究内容"，第 5、6 章为"主要研究内容"具体研究点的研究实施情况，第 7 章为项目执行期内开展的具有"经济社会效益"技术产品开发情况介绍。

猪肠道氨基酸利用和细胞代谢研究

目录

引言

1 国内外研究现状

　1.1 国内

　1.2 国外

2 研究条件基础

　2.1 依托单位

　2.2 所在平台

3 代表性研究成果

4 研究内容

　4.1 研究目标

　4.2 研究内容

　4.3 技术路线

　4.4 创新点

5 肠道黏膜细胞更新和氨基酸代谢研究

　5.1 丙氨酰谷氨酰胺对肠上皮细胞增殖促进作用

　5.2 仔猪小肠氨基酸转运体 SNAT2 的特性与调控

　5.3 仔猪小肠细胞间连接和 Kv 通道的发育变化

6 肠黏膜能量利用与氨基酸调控研究

　6.1 壳寡糖对仔猪肠道炎症反应的抑制作用

　6.2 谷氨酰胺诱导肠分泌免疫球蛋白 A 的机制

　6.3 GABA 介导 ETEC 感染时白细胞介素表达

7 促进仔猪肠道发育的猪饲料研制及其应用

　7.1 产品主要成分配方

　7.2 营养添加预混料成分配方

　7.3 配方饲料应用效果评价

8 结论

参考文献

图 5-4　创新人才类科技报告样例

5.7.4　科技合作类科技项目科技报告模板

　　根据科技合作类科技项目特点，编者凝练了该类项目科技报告撰写需要涵盖研究整体框架思路、我方研究内容、合作方研究内容、交流性内容等要点，结合通用类型科技报告撰写要求，现以湖南省重点研发计划项目"风力发电系统非线性功率控制和基于转子惯量的低电压穿越控制技术及其原型装置研发"为例，将科技合作类科技报告撰写模板进行总结，如图 5-5 所示。各章节中，引言介绍了研究整体框架思路，第 1 至第 3 章介绍了由我方牵头，合作研究的主要研究内容，第 4 章和附录 A 是关于"交流性内容"的介绍，包括科技合作管理和举办学术会议。

图 5-5　科技合作类科技报告样例

5.7.5　推广示范类科技项目科技报告模板

根据推广示范类科技项目特点，编者凝练了该类项目科技报告撰写需要涵盖拟推广技术（产品）的研制情况、拟推广技术（产品）的特点介绍、推广企业和推广地的情况简介、拟推广技术(产品)在推广企业和推广地的应用情况、推广示范的总结等要点。结合通用类型科技报告撰写要求,现以湖南省重点研发计划项目"功能型紫云英新品种选育及高效栽培关键技术研究与示范"为例,将推广示范类科技报告撰写模板进行总结,如图5-6所示。各章节中,引言介绍了项目研发机构和技术的情况,第1至第3章介绍了拟推广技术(产品)的研制情况,并总结了推广技术的特点。第1.3、1.4、1.5和3.5小节是对"拟推广技术(产品)在推广地的应用情况"的介绍,第4章是"推广示范的总结"。

功能型紫云英新品种选育及高效栽培关键技术研究与示范

目录

图 5-6　推广示范类科技报告样例

5.7.6　科技奖励类科技项目科技报告模板

根据科技奖励类科技项目特点，编者凝练了该类项目科技报告撰写需要涵盖研究基础介绍、科学技术创新内容、示范情况、第三方评价结果等内容要点，结合通用类型科技报告撰写要求，现以湖南省科技进步奖获奖项目"湖南省地质灾害监测预警关键技术研究及应用"为例，将科技奖励类科技报告撰写模板进行总结，如图5-7所示。各章节中，第1章为"研究基础介绍"，第2至第5章，分章节逐一介绍奖励项目涉及的主要"科学技术创新内容"，第6章为奖励项目所开发技术产品及其"示范情况"，附录内容为推荐单位出具的奖励提名推荐材料，属于"第三方评价结果"的性质内容。

4.1.1 评价因子选取
4.1.2 滑坡敏感性因子分析
4.2 滑坡危险性区划
4.3 小结
5 地质-气象耦合的精细化地质灾害预警预报模型
5.1 散土质滑坡灾害综合预警模型
5.2 降水型滑坡灾害概率风险分析与预测
5.3 区域群发性地质灾害预警预报系统的设计
5.4 小结
6 地质灾害精细化预警预报平台研发及推广
6.1 平台研发
6.2 平台推广应用
7 结论
参考文献
附录 提名推荐公示材料

图 5-7 科技奖励类科技报告样例

第 6 章
科技报告文献质量控制研究

6.1　研究背景

6.1.1　科技报告流程控制与质量构成

　　科技报告是科技项目的直接产出成果。从科技报告撰写任务的下达到共享交流使用，需要科研人员、基层科研单位、委托机构和各级科技管理部门多方参与、共同协作。其中科技报告质量的控制需要科技管理部门出台相关政策要求和标准规范、加强科研人员培训、开展社会宣传来进行事前规范；需要科研人员、科研单位、委托机构和科技管理部门严格按照标准规范要求组织开展撰写、审核和修改等工作，做到事中控制；同时，在交流使用环节，需要科技管理部门、社会公众对科技报告的经济效益、社会效益、学术影响力等进行事后评价，以全面完整评价科技报告的质量。因此，从时间维度上讲，科技报告质量控制包括事前规范、事中控制和事后评价三个阶段[①]，分别有不同的组织或人员参与，其中分别涉及文献层面、专业层面和效益层面三个层次的质量评价。科技报告质量流程控制与质量层次之间的关系如图 6-1 所示。

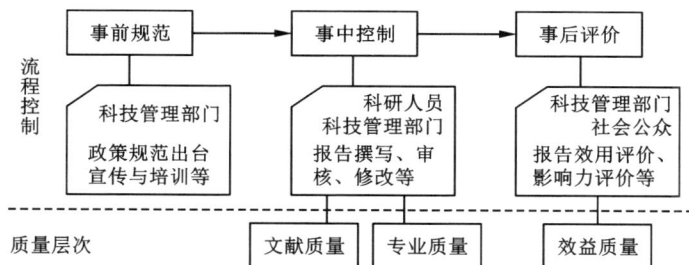

图 6-1　科技报告质量流程控制与质量层次

---

①　朱丽波. 科技报告质量控制与评价研究［D］. 南京：南京大学，2016：57.

6.1.2　科技报告质量评价体系

科技报告制度起源于美国，科技报告质量控制研究最早也开始于美国。1996 年，美国学者 Wang[1] 即提出了信息质量 IQ 四维评价体系，随后美国政府对其加以利用颁布了《信息质量法案》，提出了包括客观性、实用性和完整性的三级信息质量控制体系，对包括科技报告在内的政府信息质量做出了原则性的要求[2]。朱丽波[3]、裴雷[4]等在我国最早开始研究科技报告质量控制与评价，提出了科技报告质量评价指标体系设计的原则、方法、描述框架和参考体系，并将科技报告质量分为文献质量、专业质量和效益质量 3 个层次，如表6-1 所示。任惠超等[5]参考借鉴国防科技报告评价经验，将科技报告质量分为科学价值、编制质量和使用价值 3 个方面，将科技报告质量评价分为验收阶段和收录 1~2 年后两个阶段，并分别赋予不同的评价指标及其权重。宋立荣等[6]就科技报告资源建设中存在的类型众多、管理环节繁杂、标准不统一等问题，提出了提高科技报告资源质量的对策建议。乔振、高巍等[7][8]提出了基于 PDCA 循环的科技报告全面质量管理流程，探讨包含质量管理标准、质量管理主体、质量管理方法和质量管理流程的科技报告全面质量管理内容，并从科技报告质量控制与评价标准、评价指标体系、控制与评价方法对山东省的科技报告工作现状和存在的问题进行了分析梳理。杜薇薇等[9]则从全国的视角分析了国内科技报告质量的现状和存在的问题，探讨提升科技报告质量管理能力的策略。陆海燕等[10]则分析了影响农业领域专业研究所科技报告质量的具体因素，并提出了加强宣传指导和进行指标评价的质量控制工作思路。

综上所述，科技报告质量与信息质量一样，没有特定的标准，不同的项目特征及不同的报告类型会有不同的质量要求。科技报告质量评价具有多层次性、多维性特点，需要从不同的层次和不同的维度展开。按质量层次来分，科技报告质量分为文献质量、专业质量和效益质量 3 个层次，其中文献质量是科技报告的基础性质量。但是已有的研究中，只有少数研究将文献质量单独列出来研究，有些研究仅提及某些指标，尚未有专门针对科技报告文献质量控制的相关研究。编者在前人研究基础上，结合工作实际，认为科技报告质量评价体系可分为文献质量、专业质量和效益质量 3 个一级指标和与之相关的 8 个二级指

[1]　WANG R Y, STRONG D M. Beyond Accuracy: What Data Quality Means to Data Consumers[J]. Journal of Management Information System. 1996, 12(4): 5-33.

[2]　宋立荣, 彭洁. 美国政府"信息质量法"的介绍及其启示[J]. 情报杂志, 2012, 31(2): 12-18.

[3]　朱丽波, 裴雷, 孙建军. 科技报告质量评价指标体系研究[J]. 图书情报工作, 2015, 59(23): 80-84.

[4]　裴雷, 孙建军. 中国科技报告质量评价体系与推进策略[J]. 情报学报, 2014, 33(8): 813-823.

[5]　任惠超, 刘亮, 史学敏. 国家科技报告质量评价指标体系研究[J]. 中国科技资源导刊, 2016, 48(1): 42-49.

[6]　宋立荣, 周杰. 国家科技报告资源建设中的质量问题思考[J]. 中国科技资源导刊, 2016, 48(1): 50-56.

[7]　乔振, 薛卫双, 魏美勇, 等. 基于 PDCA 循环的科技报告全面质量管理[J]. 中国科技资源导刊, 2017, 49(2): 18-24.

[8]　乔振, 高巍, 吴艳艳. 国内科技报告质量控制与评价研究——以山东省科技计划科技报告为例[J]. 现代情报, 2016, 36(4): 124-127.

[9]　杜薇薇, 剧晓红, 郑彦宁. 我国科技报告质量现状及对策研究[J]. 情报科学, 2018, 36(12): 96-100.

[10]　陆海燕, 吴魁. 农业科研单位科技报告质量控制评价及提升对策[J]. 江苏农业科学, 2017, 45(24): 353-356.

标，具体如表 6-2 所示。

表 6-1　科技报告质量评价体系层次构成（裴雷等，2014）

质量层次	内涵与质量要素
文献质量	指科技报告的表述、语言格式以及内容陈述等层面的基础质量，一般包括语言、语法和格式规范等
专业质量	指科技报告内容层面的专业认同和评价，一般由学术共同体和社会采纳来描述，数据质量、创新质量和内容质量是最重要的三个因素
效益质量	指科技报告的投入产出比或社会影响，一般有经济和社会效益、学术影响和社会效益等指标

表 6-2　科技报告质量评价体系

一级指标	二级指标
文献质量（A_1）	基本信息质量（B_1）
	结构布局质量（B_2）
	正文格式质量（B_3）
专业质量（A_2）	数据质量（B_4）
	创新质量（B_5）
	内容质量（B_6）
效益质量（A_3）	学术影响（B_7）
	经济社会影响（B_8）

6.1.3　文献质量的重要性

在科技报告质量评价指标体系中，文献质量是指科技报告的各个要素的完备性、格式的规范性和语言组织水平等，也即科技报告的编辑水平及规范性；专业质量是指从科技报告所属学科领域的角度来评判科技报告编写是否严谨规范和研究内容的创新性如何，是对科技报告内容专业价值的体现；而效益质量是指科技报告审核发布后的后续利用情况，包括报告被学术论文引用的情况、关联科技项目的获奖情况、关联科技成果转化情况等，是科技报告学术、经济、社会价值的最终体现。在这 3 个一级指标中，文献质量处于最底层最基本的层次，是整个科技报告质量的基础，专业质量和效益质量均需以文献质量为前提，文献质量的优劣直接影响科技报告的可读性、内容的完整度，影响后续的科技报告资源挖掘和利用。因此，重视科技报告文献质量，做好科技报告文献质量评价，提升科技报告撰写水平，对规范科研过程管理和发掘科研成果价值具有重要的意义。

6.2 科技报告文献质量分析

为了解地方科技报告文献质量总体状况，编者从湖南科技报告共享服务系统中抽取了一部分科技报告的管理过程数据作为样本进行分析。科技报告管理过程数据中包含科技报告审核人员对科技报告的整体评价以及修改意见等内容，通过查阅这些科技报告的管理过程记录，即可得知每篇科技报告的文献质量情况。

6.2.1 样本概况

（1）概况

编者在湖南科技报告共享服务系统已审核的科技报告中，随机抽取科技报告分析样本372 份。372 份报告共被管理审核人员审核875 次，每篇科技报告平均被审核2.35 次，大部分科技报告经过了退回修改，甚至是多次退回修改，才能达到基本的文献质量要求被审核通过，一次性审核通过的科技报告不足总量的1/3。同时，在样本科技报告中，科技报告所属主体、项目、区域等情况不一，具体情况如下。

（2）主体分类

从提交科技报告的责任主体性质来看，湖南省提交科技报告的主体主要是企业和事业单位，少数是由政府部门和社会团体等其他性质的主体提交，其中企业提交的科技报告数量已略多于高校等事业单位，如表6-3 所示。较多的科技报告提交数量，从侧面证实了企业的科技创新主体地位。

表 6-3 科技报告提交主体性质分类

主体性质	报告数量/份
政府部门	2
事业单位	159
企业	210
社会团体	1
总计	372

从各主体提交的科技报告数量来看，湖南省提交科技报告的主体主要是高等院校，其次是医疗机构、科研院所，提交数量排名前10 的主体单位中，仅有1 家为企业，如表6-4 所示。可见，虽然企业科技创新主体地位不断增强，但是从单个主体的研发实力来看，企业与高等院校、医疗机构和科研院所仍存在较大差距。

表 6-4　科技报告提交数量排名

序号	提交主体	报告数量/份
1	湖南农业大学	21
2	中南大学湘雅医院	17
3	湖南大学	14
4	中南林业科技大学	14
5	长沙理工大学	9
6	湖南省林业科学院	7
7	中南大学	7
8	南华大学	5
9	湖南师范大学	4
10	江麓机电集团有限公司	4
10	湘潭大学	4
10	中南大学湘雅三医院	4

（3）项目分类

从科技报告所属的科技项目类型来看，重点研发计划是形成科技报告的重要项目类型，且在重点研发计划中，又以农业和工业领域的项目最多，此外国际与区域合作、社会发展领域和应用基础研究领域也有一定数量的报告提交，如表 6-5 所示。

表 6-5　各类型项目科技报告提交数量排名

序号	项目类别	报告数量/份
1	省重点研发计划——农业领域	106
2	省重点研发计划——工业领域	98
3	省重点研发计划——国际与区域合作	61
4	省重点研发计划——社会发展领域	54
5	省重点研发计划——应用基础研究	34
6	省重点研发计划——实验动物领域	7
7	战略性新兴产业——科技攻关类	7
8	中药材全产业链发展专项	2
9	科普专项	1
10	科技特派专项	1
11	中央引导地方科技发展专项	1
12	总计	372

（4）地区分类

从提交科技报告的主体属地来看，湖南省级科技项目科技报告主要来自长株潭地区，其中长沙地区提交的科技报告数量占到总量的 2/3 以上，而湘西州、娄底市、永州市等多个地区提交的科技报告仅有数份，如表 6-6 所示。各地区提交的科技报告数量与各地区研发机构分布情况以及研发能力高低基本一致。

表 6-6 科技报告所属地区

序号	地区	报告数量/份	序号	地区	报告数量/份
1	长沙	236	1	岳阳	8
2	湘潭	28	2	怀化	7
3	株洲	26	3	邵阳	7
4	衡阳	18	4	湘西州	7
5	益阳	10	5	娄底	3
6	常德	9	6	永州	3
7	郴州	9	7	张家界	1
	总计			372	

6.2.2 常见文献质量问题分析

6.2.2.1 文献质量问题概况

根据科技报告的内容结构和撰写要求，结合多年的科技报告审改经验，编者对科技报告文献质量的常见问题进行了归类整理，凝练出了 17 个常见问题，具体如表 6-7 所示，包括从结构形式到内容表述等多方面的问题。通过对科技报告管理过程记录中的审核意见、退回修改意见等进行梳理，发现 372 份样本科技报告中，共有 189 份存在或多或少的文献质量问题而被退回重新修改。这些存在文献质量问题的科技报告又以存在正文内容、正文结构、目录索引、摘要和基本信息等方面问题的情况比较多见，具体如图 6-2 所示。其中正文内容未按引言、主体和结论相关要求撰写的科技报告最多，占到问题报告总量的76.1%；而正文结构不具备"引言—主体—结论"结构或结构不完整的情况严重程度位居第二，占 46.6%；少数问题报告敷衍塞责，存在语句不通顺、中英文随意混杂等问题。

表 6-7　科技报告常见文献质量问题分类

序号	常见问题	标准要求或说明
1	题目	反映报告最主要的内容，长度在 40 字以内
2	关键词	能够体现报告主要研究要素的实词或短语，以 3~8 个为宜，且要求中英文对应
3	摘要	概括性介绍研究目的、方法和结果，中英文对应，300~600 字
4	项目信息	辑要页需填写的信息包括报告编号、报告类型、报告作者及单位、公开范围、编制时间、备注、联系人、联系单位、电话、邮箱等信息
5	正文结构	正文按"引言—主体—结论"结构编写
6	正文内容	"引言"论述研究背景、现状、目的、范围等内容；主体按研究内容和技术点的方法、过程和结果，自拟标题，分章节表述；"结论"概述研究结果，对结果的讨论及建议
7	数据表达	数据标题、单位是否合适，是否有对应的说明性文字
8	语言表达	语言是否科学严谨，是否连贯通顺，是否存在中英文随意混杂等问题
9	目录索引	包括目录、插图清单、附表清单。标准格式：1.5 倍行距、小四宋体，逐级缩进，带跳转链接
10	图表格式	图表是否都有对应的标题，图表标题是否合适，图表大小是否明显超出页边距；标准格式：1.5 倍行距、五号黑体
11	标题格式	采用逐级递进的分级标题，标准格式：1.5 倍行距小三、四号黑体
12	内容格式	标准格式：1.5 倍行距、小四宋体
13	参考文献	按 GB/T 7714—2015 编写。标准格式：1.5 倍行距、小四宋体
14	页面设置	页码分目录页码和正文页码，文档一般采用 Word 默认页边距
15	承诺书	使用标准模板，并手写签名
16	不当措辞	"本项目""课题组""我司"等应避免的不当措辞
17	事务性内容	人才培养、项目执行、经费使用等与研究过程无直接关联的事务性内容

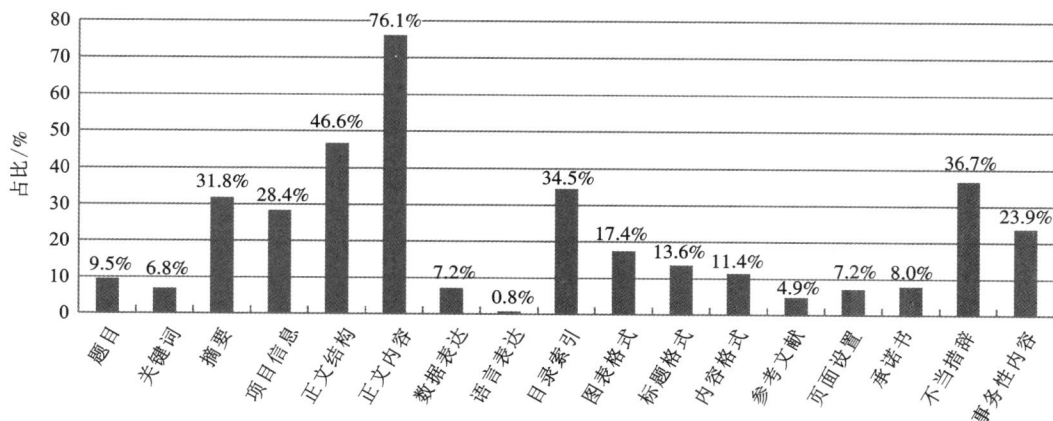

图 6-2　科技报告常见文献质量问题构成占比

6.2.2.2　正文结构和内容问题

在科技报告中不正确的行文结构，往往会影响报告内容的表述，使正确的内容无处安放，或者录入一些不必要或不合要求的内容；同理，不合适的报告内容，同时也会影响正文的行文结构，使正文结构出现一定的冗余或缺失，影响报告的完整性。由于科技报告正文结构与正文内容相互影响，问题关联度较大，所以我们将科技报告正文结构问题和正文内容问题结合进行分析。分析结果如图6-3所示，在正文结构和质量存在问题的科技报告中，正文结构和内容均存在问题的占51.4%，仅正文内容存在问题的占43.0%，仅正文结构存在问题的报告较少，占总量的5.6%。

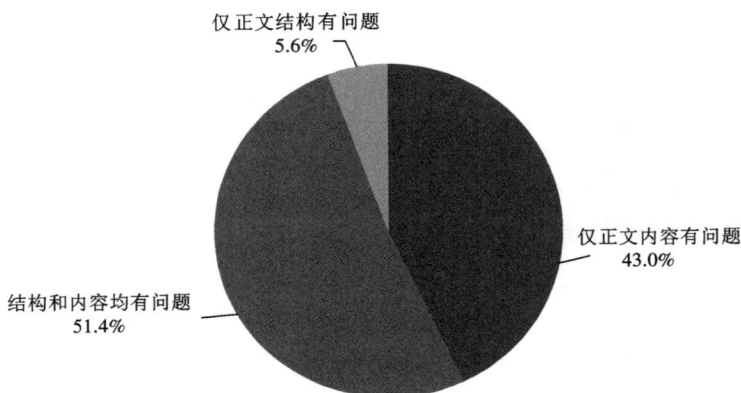

图6-3　科技报告中正文内容与结构问题关联分析

对正文结构和内容问题进一步细分，结果如图6-4、图6-5所示。由图可知，正文结构问题最常见的是正文结构不正确，占比达正文结构问题的81.1%，常见的情况有按项目

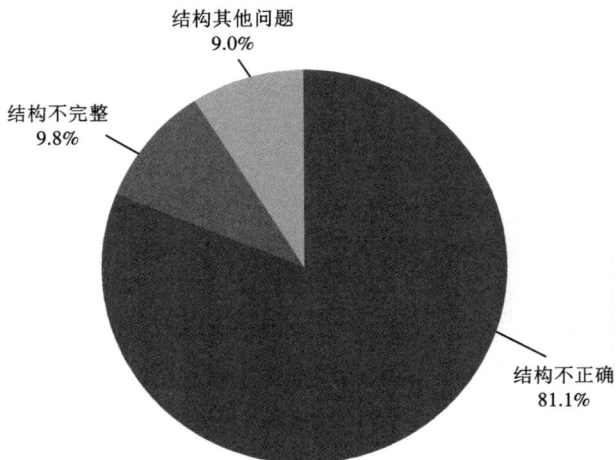

图6-4　科技报告常见正文结构问题

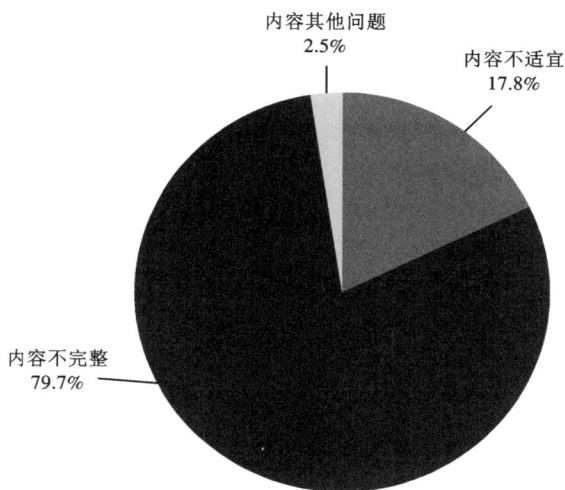

内容其他问题
2.5%

内容不适宜
17.8%

内容不完整
79.7%

图 6-5　科技报告常见正文内容问题

验收报告的结构编制报告内容,或者在项目申请书的基础上简单地将研究结果和研究结论补充续写;其次是正文结构不完整,缺少引言、主体和结论三个必备要素中的一个或多个,如缺少引言介绍必要的研究背景,开篇即是研究方法、数据来源等内容,或者研究结果分析完毕后,缺少凝练总结性质的结论部分等情况。在正文内容问题上,最常见的是正文内容不完整,占比达正文内容问题的 79.7%,这与正文结构问题常常关联出现,不正确的正文结构和不完整的正文结构,都会导致科技报告必备内容的缺失;其次是正文内容不适宜,也即正文引言、主体和结论表述不符合相应的标准要求。

6.2.2.3　目录索引问题

科技报告目录索引具体包括目录、插图清单和附表清单。常见的科技报告目录索引问题包括目录缺少、图表清单缺少,或者格式上存在问题(图 6-5),其中以目录格式问题最为常见,占比达目录索引问题的 75.8%,具体包括如目录索引内容无对应的页码、不正确的前导符、不能跳转到正文对应位置等情况。

6.2.2.4　基本信息问题

科技报告辑要页中包含了大量的基本信息,其中一些基本信息项也是科技报告编写者容易填写出错的部分。常见的科技报告基本信息问题主要包括报告类型填写错误、延期公开及未注明延期公开的理由等,其中以报告类型填写错误占比达 41.3%,延期公开及未注明延期公开的理由问题占 41.3%,如图 6-6 所示。

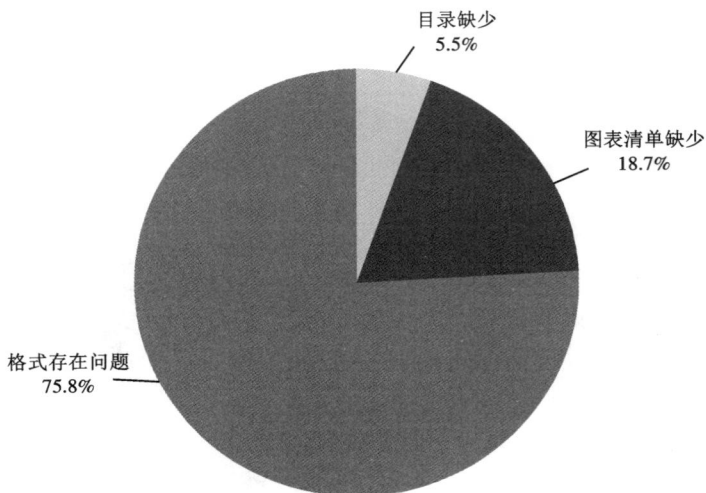

图 6-6　科技报告常见目录索引问题

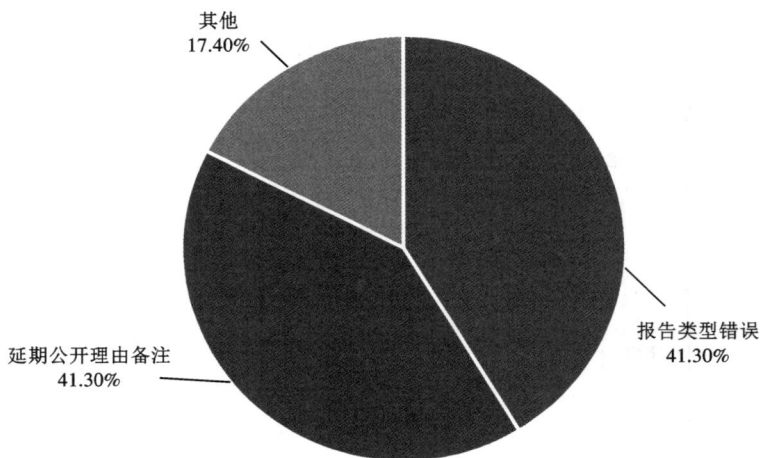

图 6-7　科技报告常见基本信息问题

6.2.2.5　不当措辞和事务性内容问题

科技报告对研究内容的表述形式有着严格的要求，要求撰写者对项目研究内容进行学术性的描述。但是在实际的科技报告编写中非学术性的不当措辞和事务性的内容表述也是常见问题，而且这两类问题还存在有一定程度的关联。不当措辞主要包括"本项目""课题组""申请人"等工作性表述，事务性内容表述主要包括人才培养、团队介绍、经费使用等事务性工作介绍，如图 6-8 所示。

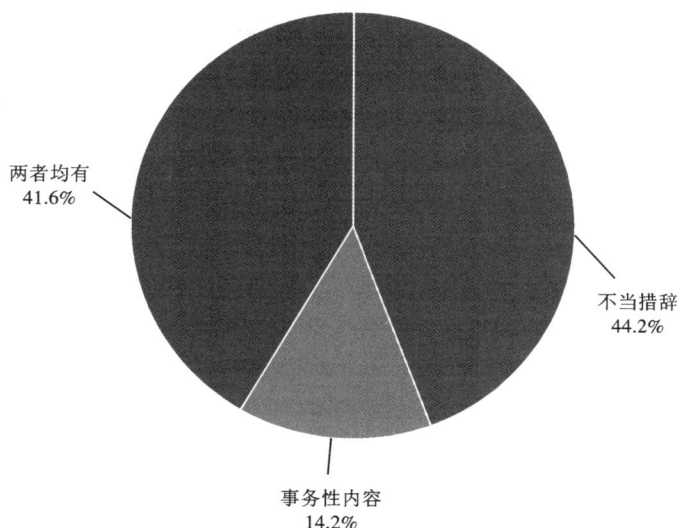

图 6-8　科技报告常见措辞和内容不当问题

6.2.2.6　其他文献质量问题

除了前述列出的 17 个科技报告常见文献质量问题，部分科技报告还存在字体字号、行距、页边距不符合要求等文献质量问题。但是这些问题对科技报告质量影响相对比较轻微或容易处理，审核员一般不会对这些问题提出修改意见，而是在加工审核过程中直接修正，从而在科技报告管理记录中没有体现，因此也无法统计。因此，这些细小但比较普遍的科技报告文献质量问题也未被纳入编者的统计分析中。

6.3　影响科技报告文献质量的因素分析

关于科技报告文献质量的影响因素，部分学者的研究已有提及，但尚未见完整的阐述，编者认为影响科技报告文献质量的因素主要包括科技报告政策规范的制定与宣传、研究者的认识和写作水平、项目的属性及实施情况以及科技报告的审核控制。

6.3.1　科技报告政策规范的制定与宣传

科技政策和规范标准是科技报告质量控制的原则依据。在政策制定方面，国家已经发布《关于加快建立国家科技报告制度的指导意见》和《国家科技计划科技报告管理办法》，各省也陆续发布了科技报告相关实施意见和管理办法，为科技报告工作的开展提供了政策依据。在规范标准方面，国家已发布了《科技报告编写规则》《科技报告编号规则》《科技报告元数据规范》《科技报告保密等级代码与标识》4 个国家标准，这 4 个标准为科技报告的撰写提供了通用性的规则。科技报告工作体系虽然已基本实现了全国覆盖，但各地方出台对应的配套政策情况不一，对科技报告政策和规范标准的宣传力度也不一，这些都会影响科技报告工作的落实情况，进而影响科技报告文献质量。

6.3.2　研究者的认识和撰写水平

研究人员作为科技报告工作的主体之一，是科技报告初稿撰写的直接责任人。研究者对科技报告的了解程度和态度将直接影响其撰写出的科技报告文献质量。对科技报告政策背景、工作流程和撰写要求有较多了解的研究者，往往能撰写出文献质量较好的科技报告，如已经参加过相关学习培训的，或者以往提交过科技报告再次提交的；而对科技报告了解甚少，或存在应付监管等被动情绪的研究者，往往对科技报告工作不够重视，提交的科技报告文献质量也较低。另外，研究者的撰写水平也体现在正文结构的布局、语言的表达、用词的把握上。撰写水平的高低不仅影响研究内容的表达是否准确到位，且影响报告的可读性，从而影响科技报告的文献质量。撰写水平影响科技报告文献质量这一情况在中小企业承担研发项目呈交的科技报告中尤为突出。

6.3.3　项目属性及其实施情况

国家虽然已经出台 4 个标准来控制科技报告的文献质量，但是不同科技项目类型千差万别，其形成科技报告的难易度也不尽相同。科技项目根据其科技活动性质可以分为基础研究、应用研究、试验发展、研究与发展成果应用、推广示范与科技服务、生产性活动 6 个大类。前 3 类属于研发（R&D）科技项目，有大量的理论和数据支持，项目团队也多为大学或科研机构，撰写科技报告较容易，科技报告文献质量也较高；而后 3 类属于非研发（非R&D）科技项目，常见的创新成果转移转化、新技术推广示范、科技平台建设、科技扶贫等类型的活动均属于非研发类科技项目，这一类项目往往更注重经济或社会目标的实现，而研究性活动和直接产生的科学数据往往较少，且项目的实施团队层次不一，部分团队研发能力较弱，有的项目承担单位甚至是农民专业合作社。因此这部分科技项目产出的科技报告内容质量和文献质量也往往参差不齐。

项目的实施情况直接关系到项目的研究内容是否得到充分研究，有没有达到预期的研究目标。由科技报告的定义可知，项目研究的过程和结果数据是科技报告的重要内容。没有较好实施执行的科技项目，其科技报告内容完整性欠缺，文献质量也必然受到影响。

6.3.4　审核控制

科技报告形成初稿提交后，必须经过科技管理人员的加工审核，存在问题的还需要退回报告作者修改或进行加工，直至合格，才能审核通过成为终稿，并根据报告密级，面向公众提供报告摘要或全文。因此科技管理人员对科技报告加工和审核标准的把控，将直接影响科技报告终稿文献质量。各地方目前的科技报告加工审核工作均是由人工完成，部分科技管理部门实行二级审核（初审和复审）制度，而有的科技管理部门则实行一级审核（一审终审）制度。各科技报告管理机构之间在审核时缺少严格的统一规范，因而在文献层面的审核控制难免出现疏漏和严格程度不一的问题，导致科技报告终稿的文献质量不一。

6.4 科技报告文献质量控制评价指标体系构建

科技报告文献质量是指科技报告的表述、语言格式及内容描述等层面的基础质量，一般包括元数据规范、语言语法、篇章结构和格式规范等。科技报告文献质量的优劣直接影响科技报告的可读性、内容的完整度，影响后续的科技报告资源挖掘和利用。科技报告文献质量的影响作用于科技报告形成的全过程，影响着科技报告文献质量的所有构成要素，对科技报告文献质量的构成要素进行整理并建立评价指标体系，可以有效地对科技报告文献质量进行定量评判，同时合理的科技报告文献质量评价指标体系也是科技报告文献质量控制的重要工具。鉴于他人的科技报告质量评价研究大多集中在宏观层面或全体系层面，部分指标概念较抽象，在实际操作中要定量评价较困难的情况，编者在前人的基础上加强了包括文献质量控制与评价在内的微观层面研究，尝试构建了面向应用的科技报告文献质量评价指标体系，以期使评价体系更好地与实际工作接轨，指导科技报告管理实践工作。

6.4.1 评价指标体系构建原则

在科技报告质量评价指标体系的构建原则上，裴雷等[①]认为应包括：最低质量标准与自由裁量原则、一致性原则、成本效益原则、多元评价原则、评价激励原则。文献质量是科技报告质量的一部分，编者认为，科技报告文献质量评价指标体系的构建在不违背上述总体原则的基础上，重点应遵循如下 3 个原则：（1）一致性。评价标准必须与现有的科技报告标准规范和相关的制度规范保持一致，如 GB/T 15416—2014、GB/T 7713.3—2014、GB/T 3034—2014、GB/T 3035—2014 及《国家科技报告管理办法》等政策对科技报告编写的具体要求等。（2）完备性。一份规范完整的科技报告由封面、基本信息表、目次、引言、主体、结论、参考文献和附录等部分组成，评价指标体系应尽可能覆盖所有构成元素。（3）可操作性。文献质量评价是科技报告管理工作的一部分，因而，过于模糊笼统或复杂的指标设计，都会使评价不准确或成本高昂而变得不可行，适量地选择与报告实体对应关系明了、易于判断操作的指标，是指标体系具有实用价值的前提。

① 裴雷，孙建军. 中国科技报告质量评价体系与推进策略[J]. 情报学报，2014，33（8）：813-823.

6.4.2　各级评价指标的筛选

遵循上述指标体系构建原则，首先收集原始指标，编者基于前人的研究和多年的科技报告工作经验，收集得到所有与科技报告文献质量评价相关的原始指标 63 个，其中包括《科技报告编写规则》(GB/T 7713.3—2014)中的科技报告构成元素 19 个，裴雷、朱丽波等前人的科技报告文献质量设计指标 27 个，前述梳理出的科技报告编写常见问题 17 个。然后采用研究小组头脑风暴的方法进行多轮讨论，并征询个别行业专家意见，对指标筛选和归并。最终形成了对应科技报告辑要页表格的基本信息质量、科技报告篇章行文语法的结构布局质量、科技报告文档格式的正文格式质量 3 个二级指标，下含 14 个三级指标的科技报告文献质量评价指标体系。同时还制定了评判指标完成情况的评分标准，以便指标体系在实际工作中应用参考。评价指标体系层次结构关系、指标说明及评分标准如表 6-8 所示。

表 6-8　科技报告文献质量评价指标体系及其说明

二级指标	三级指标	指标说明	评分标准
基本信息质量	题目	反映报告内容，长度在 40 字以内	共 2 分。题目准确度，1 分；标题长度，1 分
	关键词	体现报告主要研究要素的实词或短语，中英文对应，3~8 个	共 2 分。关键词适宜度，1 分；关键词数量，1 分
	摘要	概括性介绍研究目的、方法和结果。中英文对应，300~600 字	共 4 分。内容适宜度，3 分；内容长度，1 分
	报告信息	报告编号、报告类型、报告作者及单位、公开范围、编制时间、备注	共 5 分。每项 1 分
结构布局质量	正文结构	正文按"引言—主体—结论"结构编写	满分 2 分。结构正确且完整，2 分；结构正确但不完整，1 分；结构不正确，0 分
	正文内容	"引言"论述研究背景、现状、目的、范围等内容；主体按研究内容和技术点的方法、过程和结果，自拟标题，分章节表述；"结论"概述研究结果，对结果的讨论及建议	共 6 分。引言，正文，结论各 2 分。内容完整度 1 分，内容适宜性 1 分
	数据表达质量	佐证数据是否充分，数据标题、单位是否合适，是否有对应的说明性文字	满分 2 分。较好，2 分；一般，1 分；较差，0 分
	语言表达质量	语言是否科学严谨，是否连贯通顺，是否存在中英文随意混杂等问题	满分 2 分。较好，2 分；一般，1 分；较差，0 分

续表6-8

二级指标	三级指标	指标说明	评分标准
正文格式质量	目录索引	包括目录、插图清单、附表清单。标准格式：1.5 倍行距、小四宋体，英文 Times New Roman 字体，逐级缩进	满分 3 分。共 3 项，每项 1 分，有内容但格式不正确计 0.5 分
	图表格式	图表是否都有对应的标题，图表标题是否合适，图表大小是否明显超出页边距；标准格式：1.5 倍行距、五号黑体	共 4 分。是否都有标题，1 分；标题反映内容，1 分；大小合适，1 分；格式正确，1 分
	标题格式	采用逐级递进的分级标题，标准格式：1.5 倍行距、小三或四号黑体	满分 4 分。完全正确，4 分；基本正确，3 分；部分正确，2 分；大部分不正确，1 分；基本不正确，0 分
	内容格式	标准格式：1.5 倍行距、小四宋体，英文 Times New Roman 字体	满分 4 分。完全正确，4 分；基本正确，3 分；部分正确，2 分；大部分不正确，1 分；基本不正确，0 分
	参考文献	按 GB/T 7714—2015 编写。标准格式：1.5 倍行距、小四宋体，英文 Times New Roman 字体	共 3 分。信息完整，1 分；按 GB/T 7714 编写，1 分；字体、行距正确，1 分
	页面设置	页码分目录页码和正文页码，文档一般采用 Word 默认页边距。	共 3 分。目录页码 1 分，正文页码 1 分，页边距 1 分

6.4.3　评价指标权重的确定

（1）构造判断矩阵

按照层次分析法（AHP）计算评价指标体系权重的基本步骤，首先对评价指标进行标度，构造判断矩阵。编者采用专家调研法，让研究组成员及 2 名专家共 5 人，对准则层基本信息质量（B_1）、结构布局质量（B_2）和正文格式质量（B_3），采用 1~9 标度法[①]分别独立进行两两标度，并构造判断矩阵。然后对标度结果进行整理，对标度不一致的地方进行研究小组讨论，重新标度，直至结果完全统一。最终的准则层判断矩阵如下：

$$A_1 = \begin{bmatrix} 1 & 1/6 & 1/3 \\ 6 & 1 & 2 \\ 3 & 1/2 & 1 \end{bmatrix}$$

---

① 李晚莲，刘思涵. 基于层次分析法的社区医疗卫生机构应急能力评价[J]. 湖南社会科学，2018（2）：142-147.

采用同样的方法，对指标层的各指标进行标度并构造判断矩阵，对应的 3 个判断矩阵如下：

$$\boldsymbol{B}_1 = \begin{bmatrix} 1 & 2 & 4 & 7 \\ 1/2 & 1 & 2 & 4 \\ 1/4 & 1/2 & 1 & 2 \\ 1/7 & 1/4 & 1/2 & 1 \end{bmatrix}$$

$$\boldsymbol{B}_2 = \begin{bmatrix} 1 & 1/3 & 3 & 3 \\ 3 & 1 & 8 & 8 \\ 1/3 & 8 & 1 & 1 \\ 1/3 & 8 & 1 & 1 \end{bmatrix}$$

$$\boldsymbol{B}_1 = \begin{bmatrix} 1 & 2 & 1/2 & 1/4 \\ 1/2 & 1 & 1/3 & 1/6 \\ 2 & 3 & 1 & 1/2 \\ 4 & 6 & 2 & 1 \\ 1/4 & 1/2 & 1/6 & 1/9 \\ 1/2 & 1 & 1/4 & 1/6 \end{bmatrix}$$

（2）计算评价指标相对权重和矩阵一致性检验

在层次分析法中，各个指标在评价体系中所占的权重，被转化为求指标所属判断矩阵最大特征根 λ_{max} 对应的归一化特征向量 W。编者采用方根法[1]求得准则层判断矩阵 $\boldsymbol{A}_1$ 最大特征根 λ_{max} 为 3，对应的特征向量经归一化处理之后为 $\boldsymbol{W}_A = (0.1, 0.6, 0.3)^T$，也即准则层 3 个指标的相对权重分别为 $\boldsymbol{W}_{B1} = 0.1$，$\boldsymbol{W}_{B2} = 0.6$，$\boldsymbol{W}_{B1} = 0.3$。

同理，可求得指标层各判断矩阵 $\boldsymbol{B}_1$、$\boldsymbol{B}_2$、$\boldsymbol{B}_3$ 的最大特征根 λ_{max} 和各个指标相对权重对应的归一化特征向量 W。计算结果如下：

$$\lambda_{B1} = 4.00, \ \lambda_{B2} = 4.00, \ \lambda_{B3} = 6.00$$

$$\boldsymbol{W}_{B1} = (0.5238, 0.2708, 0.1354, 0.0700)^T$$

$$\boldsymbol{W}_{B2} = (0.2215, 0.6265, 0.0760, 0.0760)^T$$

$$\boldsymbol{W}_{B3} = (0.1336, 0.0736, 0.2428, 0.4413, 0.0386, 0.0701)^T$$

在层次分析法中，判断矩阵构造得是否合理，需要对其一致性进行检验。避免判断矩阵构造得不合理而造成指标权重计算的失真。

一致性检验时引入一致性检验指标 CI：

$$CI = \frac{\lambda - n}{n - 1}$$

其中：λ 为最大特征根；n 为矩阵阶数。

同时查找矩阵阶数对应的随机一致性指标 RI，计算检验系数 CR：

$$CR = \frac{CI}{RI}$$

---

① 董聪，董秀成，蒋庆哲，等. 中国石油企业低碳竞争力评价及对策研究[J]. 中国矿业，2018，27（3）：39-44.

一般来说，当 $CI=0$ 时，判断矩阵有完全的一致性，CI 越大，判断矩阵一致性越差。当 $CR<0.1$ 时，可认为判断矩阵具有一致性，计算的权重值可以接受。否则需要调整判断矩阵指标标度，直至符合条件。

编者对以上判断矩阵 A，B_1、B_2、B_3 的一致性进行检验计算，得到的 CR 分别为 0、0.0008、0.0006、0.0051，表明各判断矩阵均有很好的一致性。

（3）计算评价指标综合权重

将上述计算得到的各指标相对权重与对应准则层的相对权重相乘，得到各指标对目标层的加权权重，计算结果如表 6-9 所示。

表 6-9 科技报告文献质量评价指标体系权重分布

二级指标	相对权重	三级指标	相对权重	综合权重
基本信息质量	0.1	题目	0.5238	0.0524
		关键词	0.2708	0.0271
		摘要	0.1354	0.0135
		报告信息	0.0700	0.0070
结构布局质量	0.6	正文结构	0.2215	0.1329
		正文内容	0.6265	0.3759
		数据表达质量	0.0760	0.0456
		语言表达质量	0.0760	0.0456
正文格式质量	0.3	目录索引	0.1336	0.0401
		图表格式	0.0736	0.0221
		标题格式	0.2428	0.0728
		内容格式	0.4413	0.1324
		参考文献	0.0386	0.0116
		页面设置	0.0701	0.0210

在求得科技报告文献质量评价体系各个指标的综合权重后，即可以参照表 6-8 给出的评分标准，对某一份科技报告文献质量的各个指标进行评分，再对评分结果进行归一化处理之后，乘以各指标的综合权重。经过归一化和加权处理的评分之和，即为该份科技报告文献质量的评价得分结果。

6.4.4 评价指标体系应用实证分析

上述科技报告文献质量评价体系是一套基于实际需求、易于操作的评价体系。为验证上述评价体系的科学性和合理性，编者将上述科技报告文献质量评价体系用于真实科技报告评价,并将上述评价体系的评价结果与专家评价法的结果进行了对比。考虑到评价结果的代表性,编者以国家科技报告服务系统(http://www.nstrs.cn)中科学技术部"国家科技支撑计划"类目下的科技报告为研究对象,抽取其中公开的45份科技报告作为样本,进行实证评价。

对选取的科技报告,按照表6-8评分标准制作的打分表进行逐一打分,将每个单项的打分结果除以该项满分,进行归一化处理,再乘以表6-9中该项的综合权重,最后转换为百分制,即得到最终评分结果。与科技报告文献质量相关的各评价指标单项得分、综合得分和得分排序如表6-10、表6-11所示。

表 6-10 科技报告文献质量评分结果(部分)

报告号	报告 1	报告 2	报告 3	报告 4	报告 5	报告 6	报告 7	报告 8	报告 9	报告 10
基本信息质量	9.66	8.85	9.66	9.83	10.00	7.84	8.82	9.83	9.66	9.49
题目	5.24	5.24	5.24	5.24	5.24	3.93	5.24	5.24	5.24	5.24
关键词	2.71	2.03	2.71	2.71	2.71	2.03	2.03	2.71	2.71	2.71
摘要	1.01	1.01	1.01	1.18	1.35	1.18	0.84	1.18	1.01	0.84
报告信息	0.70	0.56	0.70	0.70	0.70	0.70	0.70	0.70	0.70	0.70
结构布局质量	40.83	20.51	34.46	53.74	56.87	34.65	39.88	56.87	50.32	46.33
正文结构	6.65	0.00	9.97	13.29	13.29	13.29	9.97	13.29	13.29	13.29
正文内容	25.06	12.53	18.80	31.33	34.46	15.66	21.93	34.46	31.33	25.06
数据表达质量	4.56	3.42	1.14	4.56	4.56	1.14	3.42	4.56	2.28	3.42
语言表达质量	4.56	4.56	4.56	4.56	4.56	4.56	4.56	4.56	3.42	4.56
正文格式质量	26.62	22.09	12.83	23.46	23.45	14.17	25.38	22.99	13.47	19.55
目录索引	4.01	2.01	1.34	2.01	4.01	2.67	3.34	2.01	4.01	2.01
图表格式	1.93	1.11	1.66	2.21	1.66	1.66	1.93	1.93	1.11	1.11
标题格式	5.46	3.64	1.82	3.64	3.64	1.82	5.46	3.64	3.64	3.64
内容格式	13.24	13.24	6.62	13.24	11.59	6.62	13.24	13.24	3.31	9.93
参考文献	0.58	0.00	0.00	0.97	1.16	0.00	0.00	0.77	0.00	0.77
页面设置	1.40	2.10	1.40	1.40	1.40	1.40	1.40	1.40	1.40	2.10
评分合计	77.11	51.45	56.96	87.03	90.32	56.67	74.07	89.69	73.44	75.38
评分评价排序	4	10	8	3	1	9	7	2	6	5

表 6-11　评分结果统计分析

评分指标	满分	平均分	标准差	变异系数	得分率/%
基本信息质量	10	8.98	0.8402	0.09	0.90
题目	5.24	5.09	0.4163	0.08	0.97
关键词	2.71	2.20	0.5435	0.25	0.81
摘要	1.35	1.02	0.1951	0.19	0.76
报告信息	0.7	0.67	0.0661	0.10	0.95
结构布局质量	60	43.17	13.6521	0.32	0.72
正文结构	13.29	10.12	4.1277	0.41	0.76
正文内容	37.59	25.13	9.9393	0.40	0.67
数据表达质量	4.56	3.57	1.1296	0.32	0.78
语言表达质量	4.56	4.36	0.5590	0.13	0.96
正文格式质量	30	20.14	5.5165	0.27	0.67
目录索引	4.01	2.70	0.9447	0.35	0.67
图表格式	2.21	1.53	0.4877	0.32	0.69
标题格式	7.28	3.78	1.6797	0.44	0.52
内容格式	13.24	9.97	3.5194	0.35	0.75
参考文献	1.16	0.56	0.4300	0.76	0.49
页面设置	2.1	1.59	0.3772	0.24	0.76
合计	100	72.30	16.8168	0.23	0.72

由表 6-10 和表 6-11 可知，国家科技报告服务系统收录的"国家科技支撑计划"科技报告文献质量评价得分大部分 50~90 分，样本文献质量平均得分 72.30 分，总体处于良好的状态。从表 6-10 和表 6-11 中可知，3 个二级指标中：(1)基本信息质量的评分变异系数最小，得分率最高，各三级指标的评分也较为稳定，可能是由于这部分内容在科技报告中是以表格形式展现的，作者只需要根据表格要求正确填写，不容易出现文献质量问题。(2)结构布局质量变异系数最大，而其中正文内容指标的变异系数较高，得分率组内最低。可见科技报告的文献质量在结构布局方面的差异较大，这可能是由于这部分文献质量与科技报告的专业质量联系紧密，结构布局质量不仅是形式的正确表达，更涉及研究内容本身是否完整，正确的形式表达是以完整的研究内容为前提。(3)正文格式质量得分率最低，其中参考文献指标的变异系数最高，得分率最低。查看具体的科技报告可发现这是由于许多研究者不太重视参考文献的规范编写，甚至没有参考文献而导致的。

目前，我国各级政府资助的科技项目每年有数万份科技报告产生，标准化、程序化的科技报告文献质量评价，其目的之一是辅助高成本、非程序化的专家评价，减少专家评价的工作量。因此该评价体系的评价结果与专家评价的结果的符合度，是该评价体系科学性和合理性的重要参考。

编者从湖南省科技报告管理服务中心及部分下属市州科技报告管理服务机构共邀请9名资深科技报告审核人员组成专家评价组，抽取前10份报告进行专家评价。由于专家之间并没有统一的打分标准，只是对科技报告文献质量的总体评价，因此只要求专家按科技报告文献质量优劣进行排序，最后综合各位专家的排序结果，进行平均、取整，形成专家评价排名。将专家评价排序结果与编者评价指标体系的评价排序结果进行比较，如表6-12所示。

表6-12　专家评价与指标体系评价结果比较

报告号	专家评价排序结果												指标体系评价排序	排序差值
	专家1	专家2	专家3	专家4	专家5	专家6	专家7	专家8	专家9	平均	标准差	取整		
报告1	2	4	4	2	2	3	5	4	4	3.33	1.12	4	4	0
报告2	10	8	8	8	9	9	8	10	6	8.44	1.24	9	10	1
报告3	7	9	9	9	8	6	10	7	10	8.33	1.41	8	8	0
报告4	1	3	1	5	5	1	1	3	3	2.56	1.67	2	3	1
报告5	4	1	2	1	1	2	2	1	2	1.78	0.97	1	1	0
报告6	9	10	10	10	10	10	9	9	9	9.56	0.53	10	9	1
报告7	8	5	7	7	4	4	4	8	8	6.11	1.83	6	6	0
报告8	3	2	3	4	3	5	3	2	1	2.89	1.17	3	2	1
报告9	6	6	6	6	7	8	7	6	5	6.33	0.87	7	7	0
报告10	5	7	5	3	6	7	6	5	8	5.78	1.48	5	5	0

由表可知，编者构建的指标体系评分排序结果与专家排序的结果误差均未超过1位，其中有6份报告的排序结果完全一致，另外4份报告的排序结果存在1位误差。造成误差的原因可能有二：一是由于参与排序评价的报告较多，而部分报告文献质量差距不大，造成专家评价排序不准确，这种误差可由增加专家数量或减少参评报告数量来减小或避免。二是专家对科技报告文献质量概念认知是定性的、总体的，而编者对科技报告文献质量已经过充分讨论并量化分解，因此，两者可能存在细微的差异，造成评价排序结果误差。但从总体来看，排序结果并未出现大于2位的误差，由此可知，编者构建的评价指标体系的打分排序结果和专家排序的结果有较高的重合度，评价结果较为理想。

本章前面已述，按质量层次来分，科技报告质量分为文献质量、专业质量和效益质量3个层次，因此，除科技报告文献质量及其评价指标体系外，科技报告质量控制仍有许多问题值得深入研究和探索。一是科技报告质量控制评价指标体系。编者只是就科技报告文献质量构建了可与实操层面直接对接的评价指标体系，而对科技报告的专业质量和效益质量尚未进行类似的研究，这是今后应研究的方向之一。二是科技报告质量控制的综合施策。开展科技报告质量评价只是科技报告质量控制的措施之一，要做好科技报告质量控制研究和工作，还应同时开展好细化政策规范、加强宣传培训，优化审核流程，落实考核和激励机制等工作，共同推进科技报告质量的稳步提升。

6.5　提升科技报告文献质量的对策

基于前述研究，根据科技报告文献质量的影响因素和评价指标构成，编者提出了细化政策规范、加强宣传培训、优化审核流程、落实评价制度、加强考核管理、建立激励机制等有针对性的科技报告文献质量提升策略，以期提升科技报告质量，提高其文献价值。

6.5.1　细化政策落实，提供规范、有代表性的模板

国家和各省虽然已相继制定出台相关的科技报告政策，但是这些多为规范性和原则性的指导文件，而各个科技项目属性不一，研究对象和研究内容各有差异。有些项目，尤其是生产应用类的项目，在撰写科技报告时，找不到合适的参考范文，导致撰写时无法确定格式规范和内容取舍等问题。这一情况，不少基层科研人员和科技管理人员多有反映。因此，各地方有必要依据各省市已出台的文件，结合实际情况，编写更接近实操层面的指导手册，以指导包括提高报告文献质量在内的具体工作。针对不同科技活动类型的科技项目，对其撰写的要点进行区分和明确，并提供相应的优秀科技报告模板或范文，以供科研人员撰写科技报告时参考。

6.5.2　加强宣传培训，提升科研人员的撰写能力

在科技报告工作中，科研人员是科技报告的撰写者，是科技报告文献质量最重要的责任主体，同时科研人员也是科技管理活动的被动接受者，倾向于被动接收科技管理人员发出的信息。因此要提升科研人员的撰写能力，提高科技报告的文献质量，需要科技管理人员加强宣传培训，积极主动把指导咨询服务工作下沉到高校、科研机构、医院和科技企业等基层单位，并建立高效便捷的科技报告线上、线下指导咨询服务途径。为科研人员解读科技报告政策、讲解科技报告撰写、提交的规范和要求，对科技报告撰写、提交过程中的常见问题及时进行解惑，以培养科研人员重视科技报告的意识，提升其科技报告撰写能力。

6.5.3　明确审核分工，实行多层级审核

审核是从管理者的视角对科技报告质量进行查验和控制。产生科技报告的科技项目属性多样，且大部分科技报告篇幅较长，有的甚至多达上百页，另外不同审核人员对审核业务的熟悉程度不一，因此"一审终审"的模式往往不能较好地控制科技报告的文献质量，而采取多层级的审核机制则可以有效避免这一问题。将科研人员撰写完成的科技报告，首

先经由项目承担单位的科技管理部门进行科技报告内容的真实性和完整性的初审，通过的科技报告再提交到科技报告管理服务中心。科技报告管理服务中心实行二级审核制度，提交上来的科技报告首先经过一级审核员的初审，初审通过的经一级审核员修改加工后，形式上更为规范统一，然后由经验丰富的二级审核员对初审加工后的科技报告进行复审确认，复审通过的，即可认为审核通过。其中任意环节审核不通过的，科技报告都将退回到前一级审核员或者撰写作者，进行返工修改，直至合格。

6.5.4　落实评价制度

关于科技报告评价，已有一些学者进行了深入研究，提出了不同的科技报告评价体系，但是尚未发现有这些研究成果应用于实际工作中的报道。加强科技报告评价，可以对科技报告的文献质量、专业质量和效益质量进行评定，分出报告的高低优劣。评价为优秀的科技报告，不但表明被评报告形式规范、内容专业、参考应用价值大，更是对科研工作者所做工作的一种肯定，反之则表示不但科技项目产生的科技报告质量存在问题，科研工作者所做的工作可能也未被重视，甚至是不被认可。为提升科技报告工作水平，各地方有必要启动科技报告评价机制，推动以评促改，倒逼科研工作者重视并提升科技报告的质量。

6.5.5　纳入项目管理考核，实施激励机制

科技报告作为科技项目的直接产出成果之一，应严格执行国家和地方科技报告有关《指导意见》和《管理办法》等制度要求，将科技报告有效纳入科技项目管理流程。不仅要将科技报告的提交，作为项目结题验收的必备条件之一，同时，将科技报告与研究论文、专利、计划项目和科研奖励等同等对待①，并将科技报告的提交情况和评价结果，作为对科研单位和科研工作者后续滚动支持的重要依据。使撰写质量合格的科技报告成为完成科研项目的基本要求。同时引入激励机制，对科技报告工作完成较好的先进单位和个人给予适当的表彰和奖励，形成自上而下的激励机制，鼓励科研工作者重视科技报告工作，调动他们主动提高科技报告质量的积极性和主动性，以激发自下而上的原动力。

---

① 刘顺利，李银生，吴峰，等. 我国科技报告建设面临的发展瓶颈及其对策建议[J]. 科技管理研究，2019，39(12)：252-256.

第 7 章　▓▓▓▓▓▓▓▓▓▓▓▓

科技报告资源的检索与挖掘利用研究

　　科技报告详细记载科研活动的全过程，包括成功的经验和失败的教训。科研人员加强对科技报告的了解，经常查阅科技报告可以少走弯路，促进科技成果的应用与转化，避免低水平的重复研究，提高科学研究的起点和技术创新能力[①]。我国自 2012 年 7 月全面推行国家科技报告制度建设以来，经过 10 多年的发展，已逐步形成了一套较为完善的科技报告法规制度和工作体系，科技部等部委、全国 30 多个省市已累计产生、共享发布科技报告50 余万篇。本章主要介绍我国形成的这些科技报告资源的检索途径以及挖掘利用方法与案例。

7.1　资源检索

7.1.1　国家科技报告资源检索

　　2014 年 3 月 1 日，"国家科技报告服务系统"正式开通运行，截至 2024 年 7 月已共享发布各类科技报告 52 万余篇，其中科学技术部报告 7 万余篇，国家自然科学基金委员会报告 27 万余篇，地方科技报告 17 万余篇。系统具有科技信息系统和科技管理系统的双重性，开通了针对社会公众、专业人员和管理人员三类用户的共享服务，主要功能包括用户注册、登录、检索、导航、浏览、统计分析、动态信息显示等，见图 7-1。

　　（1）用户注册登录

　　社会公众登录系统网址 www.nstrs.cn，就可以通过检索科技报告摘要和基本信息等，了解国家科技计划项目所产生的科技报告以及相关部委、省市汇交的公开科技报告情况。如果用户需要在线浏览公开科技报告全文，则必须进行系统实名注册。实名注册要求用户填写登录名、密码、真实姓名、所在省市、工作单位、机构性质、单位地址、邮政编码、受教育程度、毕业学校、当前从事专业、证件号件、邮箱、电话等真实信息。注册信息由相关人员线下审核其真实性后，在系统后台用户管理中进行激活。账号激活后，用户方可登录系统。

---

① 李伟华，王通，顾英. 互联网上科技报告资源的分布与获取[J]. 中国科技资源导刊，2009，41（6）：62-66.

图 7-1 国家科技报告服务系统首页

实名注册用户可检索并在线浏览公开科技报告全文，实名注册并通过科研管理部门批准的管理人员用户，还享有系统批准范围内的统计分析服务功能。

（2）资源检索浏览

系统提供快速检索和高级检索功能。在系统首页右上角的一框式检索入口，用户可任意选择输入报告名称、作者、作者单位、科技报告类型、科技报告编号、关键词、计划名称等方面的关键词，系统即可进行模糊匹配检索，并可在检索结果中进行二次检索。用户也可点击系统首页右上角的"高级检索"，选择一个检索项并输入关键词进行快速检索。用户还可通过点击"＋"按钮，选择多个检索条件和逻辑关系，进行组合检索。检索结果将按年度、计划、学科、报告类型进行聚类显示，如图 7-2 所示。

图 7-2　国家科技报告服务系统高级检索页面

系统提供文摘浏览和全文浏览功能。文摘浏览显示科技报告的题名、作者、文摘、关键词等详细信息，实名注册登录用户可以在线浏览科技报告的 PDF 格式全文，如图 7-3 所示。浏览全文时，系统会记载并显示用户的登录名、登录 IP 及浏览时间。

图 7-3　国家科技报告服务系统文摘浏览页面

此外，系统还提供"报告导航"与地方科技报告系统链接功能。系统可按计划、学科、地域、类型等为用户提供平台自有报告的分级导航查询服务，同时，为方便用户查询地方科技报告，系统提供安徽、浙江、江苏、山东等 23 个省区市以及青岛、烟台 2 个地级市科技报告服务系统的链接地址。

7.1.2　地方科技报告的检索

绝大部分省区市的科技报告服务系统是由国家科技报告服务系统的建设方——中国科学技术信息研究所部署建设的，系统界面、功能与国家系统类似，因此，地方科技报告资源的检索在此不再赘述。部分省区市的科技报告服务系统网址如表 7-1 所示。

表 7-1　部分省区市科技报告服务系统网址

序号	省区市名称	服务系统网址
1	北京	https://mis.kw.beijing.gov.cn/bstrs/
2	天津	—
3	河北	http://str.hebsti.cn/
4	山西	http://218.26.228.143:11188/
5	内蒙古	—
6	辽宁	http://strs.lninfo.com.cn/
7	吉林	
8	黑龙江	—
9	上海	http://kjbg.stcsm.sh.gov.cn/kjbg/navigation
10	江苏	http://www.jsstrs.cn/index
11	浙江	https://kjbg.kjt.zj.gov.cn
12	安徽	http://kjbg.ahinfo.org.cn
13	福建	http://www.fjstrs.cn
14	江西	—
15	山东	http://www.sdstrs.cn/index
16	河南	http://kjbg.hnkjt.gov.cn
17	湖北	http://220.249.102.25/
18	湖南	http://www.hnstrs.cn
19	广东	http://strs.gdstc.gd.gov.cn/index/ReportNavigation
20	广西	http://gxkjbg.gxinfo.org:90/index
21	海南	
22	重庆	https://report.csti.cn/
23	四川	http://www.scstrs.cn/
24	贵州	—
25	云南	http://www.ynstrs.cn/
26	西藏	https://kjbg.tibetsti.cn/index
27	陕西	http://www.snstr.cn/kjbg/navigation
28	甘肃	http://report.gsstd.cn/
29	青海	http://www.qhkjbg.com/index
30	宁夏	
31	新疆	https://kjtkjbg.tianshanzw.cn/

7.2　资源挖掘利用综述

7.2.1　研究现状

科技报告作为一种与科研过程紧密相关的特殊文献，有着重要的研究和利用价值，许多学者和机构都开展了科技报告资源挖掘和利用方面的探索和实践。在国内，张军亮[①]对863计划下生物和医药领域的科技报告进行了分析，在一定意义上展现了我国生物医药领域的知识生产格局。王姝等[②]则对江苏省生物医药领域的科技报告进行了计量分析，明确了江苏省内生物医药领域的研发态势和技术分布。雷孝平等[③]进行了基于科技报告的我国电动汽车领域技术现状及发展趋势分析，结果表明，我国目前电动汽车技术研究主要是混合动力、动力电池、燃料电池等方面，未来的研发将主要集中在电力系统、电池的安全性、电池系统、电机的控制及仿真优化、控制策略及稳定性等方面。剧晓红[④]利用科技报告数据，对长三角地区科技专长进行了识别监测和演化研究，并提出基于地区科技专长来平衡和再分配的科技资源动态配置的政策设想。曲靖野等[⑤]尝试利用主题模型对科技报告文档进行聚类分析，结果表明主题模型能有效准确挖掘科技报告中的主题信息，Ward与K-means相结合的聚类算法对科技报告的聚类效果较好。在国外，美国国家科技信息服务局(National Technical Information Service，NTIS)已经形成了成熟的科技报告服务模式，不仅提供常规的检索和下载服务，还提供科技报告数据的深度挖掘服务，包括研究热点追踪、主题推送和产业分析报告等情报产品[⑥][⑦]。

7.2.2　研究方法

科技报告本质上是一种文献资源，理论上适用于文献资源分析的方法都可以用于科技报告资源挖掘利用。虽然文献资源的分析方法众多，但大体上可分为两类，即简单的加工整理和深层次的文献计量。

(1)加工整理。对科技报告进行直接的文字处理，是较为简单的一种文献资源挖掘方

---

① 张军亮.生物和医药技术领域知识生产分析：基于"863计划"科技报告[J].情报杂志，2015，34(1)：67-71.

② 王姝，宋峥嵘，吴丽.江苏省生物医药领域科技报告计量分析[J].天津科技，2016，43(12)：52-55.

③ 雷孝平，陈亮，刘玉琴，等.基于科技报告的电动汽车技术现状及发展趋势研究[J].中国科技资源导刊，2017(3)：83-90.

④ 剧晓红.基于科技报告的地区科技专长监测及其政策应用[J].图书与情报，2017(5)：40-46.

⑤ 曲靖野，陈震，郑彦宁.基于主题模型的科技报告文档聚类方法研究[J].图书情报工作，2018，62(4)：113-120.

⑥ NTIS. New look and feel for NTIS.gov[EB/OL].(2017-03-31)[2022-04-15].https://www.ntis.gov/ne-wsroom/2017/03/31/new-look-and-feel-for-ntis.gov.

⑦ NTIS. A new strategic direction for NTIS[EB/OL].(2017-05-16)[2022-04-15].https://www.ntis.gov/n-ewsroom/2017/05/16/a-new-strategic-direction-for-ntis/.

式。具体包括对科技报告现有元数据的编辑整合，对现有科技报告正文内容的凝练摘选，最终编辑成文摘或者目录的形式进行发布。如按领域或者按机构形成的报告摘选、对优秀科技报告进行的选编、对重要的或综合性的科技报告进行评析等。

（2）文献计量。文献计量是图书情报领域的重要研究方法之一。文献计量包含的内容众多，是对文本进行定量分析的一类方法集合，主要包括数理统计、共词聚类分析、语义分析等。在处理流程上，文献计量方法主要包括数据采集与清洗、数据统计与分析和数据分析结果的展示 3 个阶段①。目前，已开发应用的文献计量工具众多，常见的有 Bibexcel、HistCite、CiteSpace、Ucinet、Pajket、VosViewer、Gephi、TDA 等。文献计量法在科技报告资源挖掘利用方面，可用于年度或领域的分析报告、科技报告相似性检测等。

7.3　资源挖掘利用案例一：科研项目管理

从科研管理的角度讲，科技报告本质是科技项目的验收材料之一，每一个科技项目的研究内容在科技报告中都有最详尽的记录。加之科技报告具有的文献属性，广泛应用于科技论文查重的文献相似性检测技术也完全适用于科技报告数据。因此，在科技项目管理活动中，科技报告可用于科技项目申请阶段的立项查重和已立项科技项目的验收查重。

国内首先利用科技报告进行科技项目查重的是浙江省，其基于科技报告数据的立项查重重评估报告如图 7-4 所示。据研究组调研得知，浙江省从 2016 年开始探索利用科技报

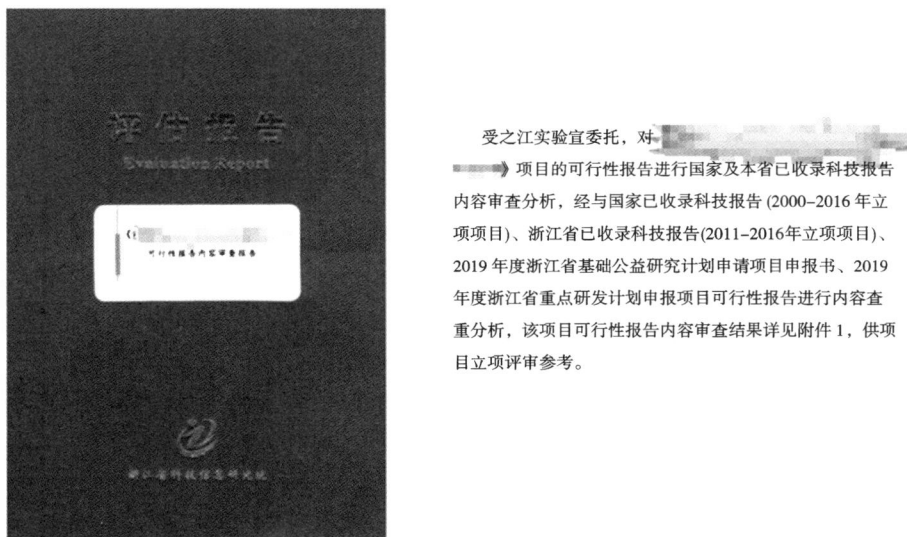

受之江实验室委托，对████████████████ ██████▶项目的可行性报告进行国家及本省已收录科技报告内容审查分析，经与国家已收录科技报告 (2000–2016 年立项项目)、浙江省已收录科技报告(2011–2016 年立项项目)、2019 年度浙江省基础公益研究计划申请项目申报书、2019 年度浙江省重点研发计划申报项目可行性报告进行内容查重分析，该项目可行性报告内容审查结果详见附件 1，供项目立项评审参考。

图7-4　浙江省基于科技报告数据的立项查重评估报告

---

① 朱锁玲，唐惠燕，倪峰，等. 大数据时代我国文献计量应用研究现状及对策[J]. 情报科学，2016，34（8）：116-121.

告资源,并着重发挥科技报告资源在项目立项、项目验收、项目绩效评价、项目成果转化中的决策辅助作用。2016—2019 年,浙江省对近 2 万项申报项目和验收申请项目进行了内容审查,用以避免科技经费的重复投入,防范学术造假行为。避免了 58 个项目的不必要科技经费投入,给出了 46 个项目不予结题的管理建议,提高了项目完成质量,对规范科研人员科研诚信起到了警示作用。

7.4 资源挖掘利用案例二:《人工智能与大国竞争》科技报告评析

7.4.1 报告背景

人工智能是研究使用计算机来模拟人的某些思维过程和智能行为的学科,主要包括计算机实现智能的原理、制造类似于人脑智能的计算机,使计算机能实现更高层次的应用。基因工程、纳米科学和人工智能被并称为 21 世纪三大尖端技术,在移动互联网、大数据、超级计算、传感网、脑科学等新理论新技术及经济社会发展强烈需求的共同驱动下,人工智能技术快速发展,呈现出深度学习、跨界融合、人机协同、群智开放、自主操控等新特征,并形成了以机器学习模型与算法、新型计算架构与智能芯片、计算机视觉与自然语言处理、多模态交互与人机协作、自主决策与智能群体为代表的发展特点。人工智能技术展现出了强大、广泛的革命性的应用能力,有力地推动了新一轮产业革命,催生了 FAANGs(Facebook、苹果、亚马逊、奈飞和谷歌)和 BATJ(百度、阿里巴巴、腾讯、京东)等一批行业巨头。从大国博弈的角度来看,人工智能技术为经济发达的大国提供了一种可行的方式,提升社会生产力,让民众变得更为富裕,同时保持对民众更为有效的监测、理解和控制,人工智能进而与不同国家治理模式互动影响,最终帮助重塑全球秩序。

7.4.2 关于本报告

2018 年 12 月,美国国防部和参谋长联席会议联合发布《人工智能与大国博弈》科技报告(报告原标题:*AI, China, Russia, and the Global Order:Technological, Political, Global, and Creative Perspectives*;报告编号:AD1066673),该报告是美国国防部多层战略评估项目(SMA)成果之一,由 20 多位政府和学术界重量级作者参与完成,是相当一部分美国专家学者的观点集成,目前已被美国国家技术报告图书馆(NTRL)收藏。报告全文长达 218 页,从全球竞争、国内政治和日常生活等多个视角,系统分析了人工智能技术对中、美、俄大国博弈造成的影响,可在一定程度上代表美国政府尤其是军方有关部门部分人士对人工智能技术的认知,是美国政府做出相关决策的参考依据之一。

该报告分为 6 个部分共 27 个章节,其中第 1 部分概述了人工智能相关技术及其对全球秩序的影响,搭建了本报告观点的总体框架,为后续分析人工智能技术如何对国内政治制度产生影响,进而影响全球秩序做了基础铺垫;第 2 部分详细地描述了人工智能技术对中国和俄罗斯治理模式影响的具体情况；第 3 部分考察了在全球影响力竞争中人工智能加持下中国和俄罗斯治理模式输出和被学习的具体情况；第 4 部分探讨了人工智能对中国处理中美关系和政治外交决策的影响；第 5 部分分析了人工智能在军事层面的具体应用，尤其是中、俄的应用进展；第 6 部分提供了艺术和人文视角下对技术创新发人深省的新观点。各部分之间彼此独立，又相互联系，在报告的总体框架下共同构成了对人工智能技术的体系化认知。报告的主要目的是提供智库观点，内容上不拘于形式，但逻辑严谨，理论、观点、案例在报告中有机结合，兼具较强的结构性和说服力。

但是需要指出的是，该报告受西方民主视角下的虚假叙事和固有偏见的影响，大量观点和案例陈述均是以对华和对俄抹黑、污蔑的口径陈述，报告中充斥着"中国威胁论""中国崩溃论"的论调。研究组过滤了该报告中偏见和政治色彩表述，尽量以客观、学术的角度进行观点评析。

7.4.3　技术创新与全球秩序

报告认为广义的人工智能包括狭义的人工智能以及相关的大数据、机器学习、物联网、智能终端等一系列新技术。随着计算能力的不断提高、数据规模的迅速扩大和深度学习算法的逐渐改进，谷歌大脑、AlphaGo 机器人等划时代人工智能产品相继问世，人工智能技术的进步，大大增加了原有数字技术的价值，给全球秩序带来了三大挑战：一是技术创新将不可避免地影响不同治理模式在全球秩序中的竞争，人工智能将有助于让公民变得更加富裕，同时对全社会保持更为严格有效的控制；二是人工智能将带来第 N 次工业革命，从根本上改变经济和社会部门的生产资料，极大提升交通运输、健康医疗、国防军事等行业的生产力水平；三是人工智能的自我意识发展（"奇点"问题）存在巨大的技术和伦理风险，加速进步的技术可能会创造出超出人类控制的超级人工智能，将会给人类生存带来一个质的新挑战，需要国际社会尽最大努力来共同管理。人工智能对全球秩序的影响如图 7-5 所示。

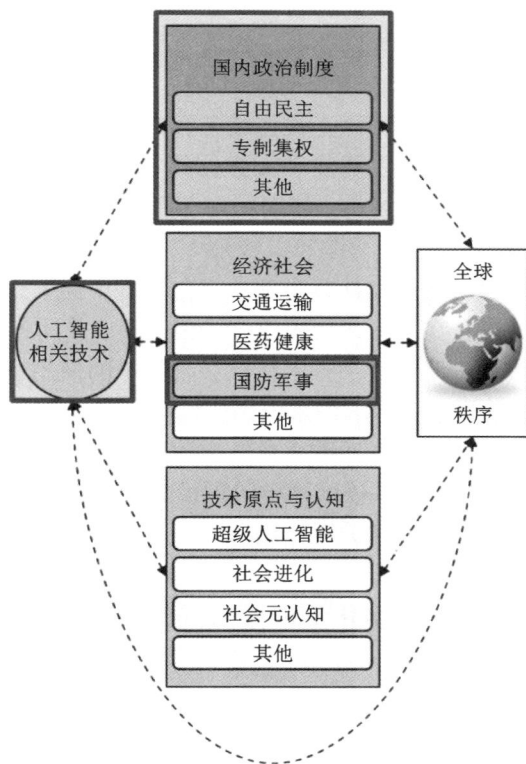

图 7-5　人工智能对全球秩序的影响（其中对政治制度、国防军事的影响为报告重点关注的方向）

大多数人对人工智能的注意力集中在第二和第三点上，但第一点同样十分重要，治理模式的数字化进程直接影响全球政治竞争格局。不同治理模式全球影响力的竞争体现在外交、军事、贸易、科技、宣传等多个领域，人工智能技术会对这些领域产生差异化的影响，进而被欧洲、非洲和亚洲地区其他国家（"摇摆"国家）不同程度地模仿。从人工智能技术自身具有的增强感知、规模数据等特征来看，人工智能技术当前更有利于中国治理模式的发展和推广。

7.4.4　中、俄治理模式的数字化演变

报告指出，互联网等新一代信息和通信技术被誉为"解放技术"，它能实现信息自由流动，同时充分允许个人和组织言论自由。人工智能技术在经济竞争力、军事实力和社会稳定等方面具有广泛的影响力，近乎全方位地影响着国家治理模式的转变。2017 年中国发布了《新一代人工智能发展规划》这一关键性指导文件，发出了人工智能是国家战略重点的明确信号，中国对人工智能的积极追求，预示了未来中国人工智能技术的日益增强。中国政府认为人工智能是一把双刃剑，一方面人工智能可能会通过提升技能人才的技能要求而加大社会的"数字鸿沟"，带来收入差距、城乡差距、东西部差距扩大等影响社会稳定的问题，另一方面人工智能技术是社会治理的利器，人脸识别、模式识别、预测性警务等在安全、智慧城市等建设中发挥着重要作用。中国已利用数字化技术，构建了金关、金盾、金税等 12 大全国性电子政务系统，人工智能和大数据技术的发展，进一步提升了这些系统的能力。目前中国正在持续升级社会信用管理体系，提升社会治理能力，政府和大型科技公司已利用人工智能和大数据等技术，构建了多个特定领域的数据监控和信用评级系统，形成了智慧城市、信用城市等项目，如苏州市的"桂花积分"系统和福州市的"茉莉花积分"系统等。

俄罗斯政府在社会治理数字化转型中尚未采用大规模审查等互联网控制方法，目前的典型做法是在不诉诸普遍审查的情况下，采用各种非公开、非技术性的机制来影响网络话语和叙事。但是数字技术在社会管理中的使用也日益频繁和重要，例如俄罗斯的 SORM 系统已建设至第三代，该系统用于监控网络通信并记录分析数据流量，具备较强的网络监测和预警能力。俄罗斯数字化社会治理正在一定程度上借鉴学习中国模式，同时积极引入信息战的新兴技术，该国社会治理模式的不断发展，依赖于技术的持续创新，人工智能和大数据分析都会发挥关键作用。

7.4.5　数字化治理模式的输出

中国的数字化社会治理起源于 20 世纪 90 年代，目前中国的数字化社会治理已经成为一种成熟的高科技模式，不仅用于中国的国内治理，并且已扩散到遥远的亚洲、非洲、中东和南美。中国模式由政府、国有企业和私营企业共同输出，它们组成了中国安全工业综合体。中国政府和国有企业推广中国数字化社会治理模式的愿景和私营企业对数字产品和技术利润的追求，共同构成了中国模式输出的驱动生态系统。中国模式以高度复杂的网

络软硬件技术和严格的网络监管法规框架为支撑，中国具备面部识别功能的摄像头已经服务了全球 100 多个"安全城市"项目，华为、中兴和腾讯等私营企业为伊朗、赞比亚、哈萨克斯坦等多国提供了数字化社会治理的技术支持。

中国数字化治理模式输出主要通过两种途径进行：一是与具备人工智能优势和特色的国家、组织等实体建立广泛联系，二是向全球出口其开发的人工智能技术。中国数字化治理模式成功输出的主要原因有以下几点：第一，数字化社会治理和经济发展并不矛盾，这一点已经由中国自身证明。第二，中国具备完善的信息安全技术产业链，同时具备全球服务能力，数字化技术支撑能力扎实。第三，数字化社会治理可显著改善国家安全和社会稳定状况，符合大多数国家的期待。

俄罗斯的数字化社会治理模式没有中国模式的特征鲜明，也没有中国模式那样依赖人工智能等强大的信息技术。俄罗斯政府通过外交、信息和经济手段，在全球及其周边国家输出其数字化治理模式，目前虽然主要集中在白俄罗斯和中亚地区，但仍在向世界各地更广泛地推广，其代表性产品——SORM 系统目前已为 26 个国家 300 多个客户提供服务。相较于中国模式，俄罗斯提供了一种看似合理、技术含量较低的替代方案。

报告认为，在中美人工智能竞争中，中国几乎势不可当。在人工智能四大关键要素中，中国拥有数据规模、预见预警能力和战略一致性的优势，美国仅占有分析速度的优势，如果美国想在受到中国互联网基础设施建设和监控技术支持的地区保持战略优势，需要对推动模式输出的潜在因素进行全球视野的全面审视，具体包括：深度了解推动中国模式出口的关键实体，在国家和私营层面多个渠道对中国模式进行输出竞争；全面地遏制支撑中国模式的数字化技术，包括制裁中国相关企业，引导形成批判舆论环境，为排除中国元素的国外互联网基础设施项目提供资金支持。

7.4.6　人工智能对外交决策的影响

报告认为，从中美关系看，人工智能对中国来说是扩展性的，人工智能提高了中国政府监督和管理社会的能力，减少了内部因素对中国国际行为的影响，使中国政府可以更有效地推进中国外交政策，无论是对抗性的外交政策还是合作性的外交政策，中国的外交政策和行动也更加自信，这些进而提升了中国的国际地位。人工智能同时也促进了更协调、更个性化外交政策的形成，中国是否会采取对抗性的国际行为，取决于中国对自身世界地位的愿景。同时，随着中美竞争的发展，美中关系已经开始严重恶化，中美意识形态的距离预示着中国不会因为经济的持续增长和与西方世界持续接触而西化。人工智能的加持使中国对外部观察者越来越不透明，中美官方和民间的交流活动逐渐减少，信息迷雾下诱发战略误判的风险正在增加，因此必须小心管理冲突风险。甚至有些学者评估，中美直接军事冲突，是两国关系真正的尾部风险。

从全球看，人工智能技术正对全球治理产生新的挑战，人工智能技术的渗透已经从单纯的经济和贸易问题，转变为与国家安全相关的至关重要问题，将会对高度全球化的科技行业产生严重影响。由于中美等技术主要参与者的分歧，越来越多的国家和企业不得不在中国和美国的数字化基础设施、工具和技术服务之间做出选择。虽然这些技术目前仍然具有互操作性，但会使追随者产生一定程度的路径依赖，进而影响国家的企业管理、公民隐私保护、社会治理等多方面的决策。此外，数据主权也是塑造国际关系的重要因素，透过欧盟《通用数据保护条例》可以看到欧盟和美国在这方面存在相当大的差异，欧盟十分重视公民隐私和数据安全，欧盟对美国的有关行为长期持怀疑态度，这种怀疑影响着西方国家数据和人工智能技术核心体系的形成。

7.4.7 人工智能对军事的影响

报告认为，在传统军事层面人工智能已无处不在。在武器系统中，人工智能可控制导航、推进、瞄准、发射等一个或多个功能；在传感器和智能分析系统中，人工智能辅助识别和筛选大量不同数据；在决策支持系统中，人工智能可针对特定情况制订行动计划。此外，网络空间已成为新的战场，人工智能将通过塑造黑客行为来改变战争性质。黑客通过搜寻系统中的漏洞而发动攻击，利用这些漏洞，黑客可以很小的代价产生较大的作战效果。人工智能技术的注入将使黑客对漏洞的搜寻自动化、系统化。同时，人工智能的运用也增加了系统的漏洞。随着人工智能的应用越来越重要，搜索系统漏洞可能会在网络空间军事活动中占有越来越重要的比重，未来战争和未来武器将与人工智能密不可分，人工智能引入军事系统和规划将同时带来各种能力提升和不利风险。

中国正在探索使用人工智能技术来增强指挥决策，受到美国国防高级计划研究局（DARPA）"深绿"未来作战指挥系统项目的启发，中国正在利用人工智能技术增强态势感知和提高决策认知度，以期在未来战争中实现决策优势；同时，中国也认识到了整合和利用人机混合智能协同作用的重要性。俄罗斯也越来越重视人工智能军事辅助技术的发展，但总体而言，这些努力还处于早期阶段，其技术水平远远落后于美国和中国等竞争对手。

7.4.8 人工智能的未来场景

报告还从艺术和人文的视角，描绘了人工智能高度发展的未来世界，提供了发人深省的观点。例如，在人工智能、基因组学和生物技术融合的未来，人们将生活在无处不在的生物监控网络中；未来世界可能朝基于现有技术评估有迹可循的方向发展，也有可能朝富有想象力的创造性方向发展；人工智能技术带来的数字化未来有可能是人类的灾难，影响人类社会的公平正义；自动化、超级机器和大数据是3个人工智能怪物，数据怪物正在侵蚀人们的真实感、隐私权和自由。

7.4.9 报告启示

人工智能的疾速发展正在影响人类社会生活，也在重塑全球治理秩序。世界大国正在开展立足人工智能技术的全面竞争，美国多次发出中国是赢得全球 AI 技术竞争的最大威胁、中国和俄罗斯是国家信息安全的最大隐患等言论，将技术竞争上升至国家安全层面。

围绕对华科技脱钩和维护技术供应稳定的矛盾，美国一方面对中、俄科技企业实施清单限制、极限施压制裁等一系列的遏制措施，积极联合盟友以主导技术发展潮头，形成围堵中俄的地缘政治对立格局，阻碍两国人工智能技术提升、干扰两国数字化进程；但同时美国也在精心控制打压制裁的范围和力度，以确保自身产业链安全和稳定。面对以美国为首的西方围堵，中国和俄罗斯应坚持具有自身特色的发展道路，积极推进自身数字化发展进程，讲好自身发展故事；同时对于美国的科技霸凌和胁迫政策必须给予积极应对和严厉回击。参与竞争的全球大国应致力于合理管控分歧和防范风险，从而因势利导地推进全球人工智能技术领域的良性竞争，争取维护全球人工智能产业链稳定的共同利益。

第 8 章

湖南科技报告制度建设工作实践

相较于山东、浙江、四川、安徽、陕西、辽宁等 6 个科技报告制度建设试点省份，湖南科技报告制度建设起步比较晚。2015 年 5 月 12 日，由科技部创新发展司主办、湖南省科学技术厅承办、中国科学技术信息研究所和湖南省科学技术信息研究所共同协办的"国家科技计划项目科技报告培训会"在长沙顺利召开，标志着湖南省正式启动科技报告制度建设工作。

8.1 建设背景与目标

2011 年以来，党中央、国务院高度重视科技报告工作。2012 年 9 月，中共中央 国务院印发的《关于深化科技体制改革 加快国家创新体系建设的意见》明确提出，对财政资金资助的科技项目和科研基础设施，加快建立统一的管理数据库和统一的科技报告制度，并依法向社会开放。2014 年 3 月，国务院《关于改进加强中央财政科研项目和资金管理的若干意见》(国发〔2014〕11 号) 中第二十五条也明确要建立国家科技报告制度。为此，科技部2012—2015 年连续三年将科技报告工作列为部重点任务，作为钉钉子工程予以推进实施。

2014 年 9 月，《国务院办公厅转发科技部关于加快建立国家科技报告制度的指导意见》(国办发〔2014〕43 号)，成为全面推进各地、各部门科技报告工作的纲领性文件。湖南省人民政府办公厅收到上述通知后，提出"拟请省科技厅商有关部门贯彻落实"的意见，时任省长杜家毫、副省长李友志等领导进行了圈阅，要求尽快出台实施意见等政策性文件，启动并加快省级科技报告制度建设。2015 年 4 月，科技部在成都召开"国家科技报告制度建设推进会"，要求各省市加快推进科技报告工作，在 2015 年 6 月底前出台地方科技报告制度实施方案，12 月底前开通省级科技报告服务系统，并与国家系统实现互联互通和统一认证。2017 年 6 月，科技部办公厅下发《关于加快地方科技报告制度建设的通知》(国科办创〔2017〕47 号)，要求各地方建立健全科技报告工作机制，将科技报告纳入地方科技计划、专项、基金等科技管理范畴，并做好科技报告汇交工作等。

根据国办发〔2014〕43 号文件精神以及科技部相关要求，湖南省人民政府转发省科技厅《关于加快建立湖南省科技报告制度的实施意见》(湘政办发〔2015〕65 号) 文件中明确了湖南省科技报告制度建设的总体要求。总体目标是：到 2020 年建成覆盖全省科技计划、与国家科技报告制度相衔接的科技报告呈交、收藏、管理、共享工作体系，形成科学、规范、高效的科技报告管理模式和运行机制，为提升湖南省科技实力、建设创新型湖南提供支撑。进度方面，明确按照试点先行、统一标准、分步实施的原则，实现省、市州科技报告工作协同推进，具体工作进度包括启动试点、全面实施、完善提升和优化运行 4 个阶段，具体内容详见附录一。

8.2　建设现状

湖南科技报告制度建设虽然起步比较晚，但在省科技厅党组的高度重视下，湖南的科技报告工作得到了快速稳步推进，在制度规范建设、组织工作体系建设、系统建设、科技报告试点、宣传培训等方面都取得了较大进展，在全国率先推进省直和市州制度建设，科技报告相关工作走在全国前列，得到省政府官网（6 次）、湖南要闻（1 次）和科技部官网（4 次）多次报道。

8.2.1　政策体系

2015 年，湖南省结合本省科技管理工作实际，在对科技报告的分类、参与主体及其职责、工作流程、开放共享与权益保护、保障措施等进行全面研究分析基础上，先后出台了《湖南省人民政府办公厅转发省科技厅〈关于加快建立湖南省科技报告制度的实施意见〉的通知》（湘政办发〔2015〕65 号）、《湖南省科技计划科技报告管理办法》（湘科字〔2015〕149 号，附录二）两个规范性文件，制定《湖南省科技报告制度建设实施方案》（湘科字〔2015〕108 号）并上报国家科技部。3 个政策性文件相辅相成，完成全省科技报告制度的顶层设计。2019 年，湖南省抓住科技成果转化法修订契机，借鉴国家经验，将科技报告有关内容纳入《湖南省实施〈中华人民共和国促进科技成果转化法〉办法》（附录四），正式以法律条文形式明确了各级科技行政主管部门建设科技报告制度的工作职责，同时，明确了财政资金设立科技项目的承担者呈交科技报告的法律义务。2021 年 3 月，针对湘政办发〔2015〕65 号和湘科字〔2015〕149 号这两个文件已过信息时效期，湖南省本着"合并《湖南省人民政府办公厅转发省科技厅关于加快建立湖南省科技报告制度的实施意见》文件中有关全省科技报告推行覆盖面等内容，进一步强化项目承担单位科技报告管理责任，建立相关奖惩机制"等原则，修订出台了《湖南省科技创新计划科技报告管理办法》（湘科发〔2021〕17 号，附录三），为全省科技报告工作的持续开展提供了政策依据。

为协同推进市州、省直单位科技报告工作，湖南省在国内率先制定《湖南省科技报告试点工作方案》（湘科发〔2017〕147 号，附录五）、《关于加快市州科技报告制度建设的通知》（湘科函〔2019〕95 号，附录六）等 2 个政策性文件，本着"谁立项、谁管理"、统一标准规范和先行先试分步实施 3 项原则，推进本省科技报告制度建设从 6 个单位（3 个市州 +3 个省直部门）开始试点，逐步向 14 个市州全面部署、全面推进。

8.2.2 工作体系

按照"谁立项、谁管理"的工作原则，湖南省建立起了由省科技厅、市州与省直单位科技计划项目管理部门、项目承担单位组成的全省科技报告工作组织管理体系，其中省科技厅负责全省科技报告工作的统筹规划、组织协调和监督检查；市州与省直单位科技计划项目管理部门负责本地区和本部门科技报告工作的组织实施与管理；项目承担单位负责组织做好本单位的科技报告工作。省科技厅在内设机构职能中先后明确监督与科研诚信管理处（2015—2019 年）、资源配置处（2020—2023 年）、基础研究与科研条件处（2024—）为推进科技报告制度建设的责任处，同时依托省科学技术信息研究所成立省级科技报告管理服务中心，并在现行《湖南省科技创新计划科技报告管理办法》政策文件第七条明确："省科学技术信息研究所承担全省科技报告的接收、保存、管理和服务等事务性工作。"

湖南省科学技术信息研究所自 2012 年起，积极派人参加科技部、中国科学技术信息研究所等机构组织举办的各类科技报告培训班、研讨会，承担国家科技报告审核改写任务。先后有 7 人参加了第一期、第二期国家科技报告指导人员研修班，4 人参加科技部四批次科技报告的审核改写回溯工作，积极为承担全省科技报告的资源管理与共享增值服务做好了人才技术储备。同时，湖南省通过分别面向市州、省直单位的科技管理人员、科技报告工作委托机构（包括市州科技信息研究所、市州科技情报研究所、市生产力促进中心等）人员举办科技报告指导人员研修班、提供"一对一"技术辅导、跟班学习等方式，为 14 个市州以及相关省直单位培养了一支科技报告管理服务工作人员队伍。

8.2.3 质量控制体系

为加大本省科技报告制度覆盖面、提高科技报告质量和增值服务价值，湖南省的科技报告工作一直坚持采用二级审核制度。省级科技计划项目科技报告在科技管理信息系统公共服务平台完成初审后，还要求审核人员在科技报告审核子系统进行一轮审改。市州呈交的科技报告，除要求市州审核人员完成一轮审核外，还要求省级科技报告管理服务中心的工作人员进行一轮审改，以保证科技报告的质量。

为提高科技报告编制规范性，稳步提升科技报告编写质量，湖南省在提供科技报告撰写通用模板基础上，率先在国内研制创新人才类、研发平台类、科技合作类等 5 类特殊类型科技计划项目科技报告编写模板，率先采用层次分析法构建科技报告文献质量评价指标体系并用于工作实践。

为提升科技报告审改质量与效率，湖南省采用 Office VBA 插件技术，首创科技报告撰写与修改辅助工具软件，实现了 Word 文档的辅助编辑。该软件以国家科技报告编写规则为依据，对科技报告的目录、各级标题、图表、题注等格式以模板的形式进行设定，可以帮助各级科技报告管理服务中心、科研单位快速对科研人员呈交的、不符合规范的科技报告格式进行校正和修改。

8.2.4　系统平台建设

为加快落实科技部地方科技报告制度建设部署安排，推动湖南科技资源持续积累、集中收藏和开发共享，按照"湖南科技报告系统必须与国家科技报告系统实现有效对接"等要求，2016 年，省科学技术信息研究所积极推进省级科技报告服务系统软件的采购、安装与本地化修改移植工作，系统包含呈交管理、审核管理、共享服务三个子系统，湖南科技报告共享服务系统（http://www.hnstrs.cn/）于 2016 年 5 月 12 日开通试运行，含湖南承担国家项目提交的科技报告，共享服务系统首批上线 580 余份报告，开始向社会提供开放共享服务。

为减轻科研人员工作量，推进省级科技计划项目科技报告与其他验收材料同平台呈交、同平台审核，湖南省 2017 年在省级科技管理信息系统公共服务平台搭建科技报告呈交审核功能模块，并开发与省级科技报告系统之间的数据交换接口，实现了新立项项目、2016 年以后立项未完成结题验收项目科技报告呈交与项目申报、结题验收渠道的一致性。

2018 年，根据本省市州和省直部门同平台管理发布科技报告工作需要，湖南省在前期采购中国科学技术信息研究所专用软件基础上，加强软件功能设计，采用.Net 框架，基于支持多个平台和多个工作负载的单个代码库构建方式，与中国科学技术信息研究所合作升级省级科技报告系统，完成了"湖南省部门和地市科技报告管理系统"的建设。系统包含呈交管理、审核管理、共享服务三大模块和 10 多个市级子系统，其主要功能有：用户信息管理、科技报告任务管理、提交、加工、审核和共享发布等。系统可实现本省各市州、各省直单位科技报告的分别管理和集中收藏，同时与国家科技报告系统实现了互联互通和统一认证，率先在国内构建省市协同统一、具备"三层级三模块"（图 8-1）结构特征的科技报告

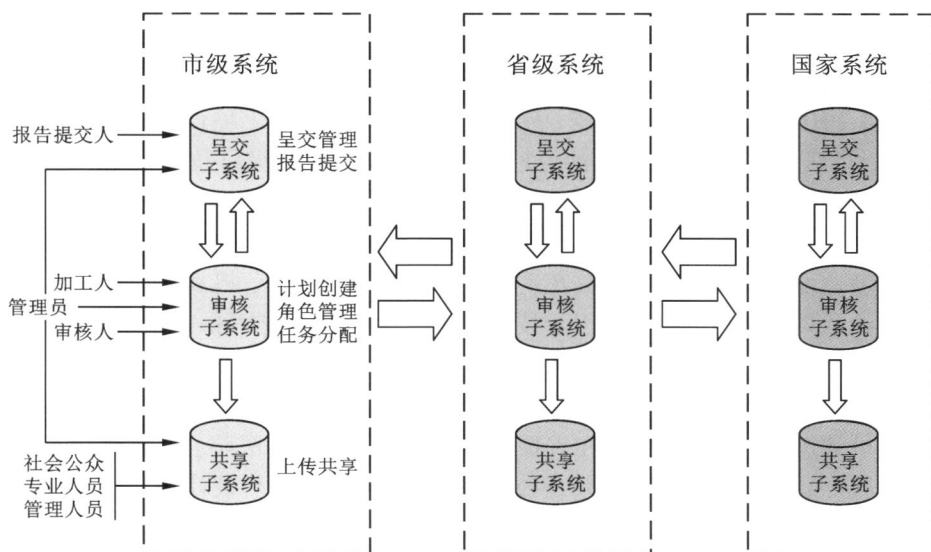

图 8-1　湖南科技报告管理系统"三层次三模块"结构

综合管理服务平台。目前系统已实现 4 个省直部门、11 个市州科技报告的多源汇聚和同平台管理。

呈交子系统是科研人员提交科技报告的系统入口，科技报告系统通过此入口采集科技报告资源元数据以及相关文档数据，系统管理员通过此系统进行呈交管理。审核子系统是科技报告管理人员进行科技报告审核任务管理和科技报告规范化加工的系统，系统管理员、加工人、审核人对科技报告的初步审查、规范化加工、内容与形式复核以及组织内部任务管理等环节的管理操作均在此系统完成。共享子系统是管理员对外发布共享科技报告的窗口，兼具部分管理和统计的功能，社会公众、专业人员和管理人员均可通过该子系统查阅审核发布后的科技报告。

多层次系统通过访问控制和数据汇交机制，实现了子系统间的互联互通，实名制、痕迹化访问管理以及多模块的结构设计有效降低了系统风险，提高了系统的安全性。

8.3 相关做法与经验

8.3.1 开展宣贯培训，营造社会重视氛围

加强宣传培训是推进地方科技报告制度建设的重要手段。项目承担单位、项目负责人是各个科技计划项目科技报告撰写、审核、呈交工作的责任主体，项目主管机构是项目任务书签订、督导检查的责任主体。为全面普及科技报告知识，提高全省科技报告的撰写能力，湖南省积极编写《湖南省科技报告培训资料汇编》《市州/省直部门科技报告工作参考资料汇编》《湖南省科技报告宣传手册》等各类培训宣传材料，创新宣传培训方式，综合举办各类大规模宣传培训活动 40 余场，参与人数达 8000 余人次，极大地促进了全省科技报告工作的普及，提高了全省科研人员的科技报告撰写水平。

2015 年 5 月，湖南省成功承办国家科技计划项目湖南片区科技报告培训会，参培人数达 450 余人。2016 年面向市州、高校、科研院所科技管理人员、项目负责人及主要参与人员，在怀化、娄底、湘潭、郴州、长沙等地组织举办了 8 场省级科技计划科技报告片区培训，培训人数达 2100 余人。当年，还面向省科技厅全体科技管理人员和全省科技重大专项负责人提供了 2 场培训，全年培训人数达 2450 余人次。2018 年 1 月，为加快推进全省科技报告制度建设，切实推进全省教育系统科技报告试点工作，提高高校科研人员自觉呈交科技报告的意识和撰写、共享利用科技报告的水平，省科技厅和省教育厅联合在 27 所高校主办了"全省高等学校科技报告专题宣讲活动"，活动遍及 10 个市州，累计参加人数达 3600 余人次。2018 年 11 月，湖南省在先期开展培训需求征集基础上，按照相对集中和方便参训人员就近参加原则，分别在省核工业地质局、省人民医院、省森林植物园和娄底市科学技术局等需求单位或所在市州科技局开展了 5 场"省级科技计划项目科技报告撰写专题培训"，参与人数达 1000 多人。与此同时，湖南省结合制度出台、大型活动等各项工作进展，积极利用省科技厅官网、《湖南日报》、红网等省内媒体加强新闻宣传报道，营造了全社会重视科技报告工作的良好氛围。

8.3.2　坚持分步实施，推进省级项目全覆盖

结合国家要求和本省实际，湖南省自 2015 年始把科技报告工作纳入了省级科技计划项目(基金、专项)管理程序，对不同阶段项目实施分步和分类推进。2015 年，在当年科技重大专项结题验收工作中试行科技报告呈交制度。2016 年，开展了"十二五"期间省级科技重大专项、重点项目科技报告回溯工作，并在新立项项目合同书中规定了科技报告呈交任务，在 2016 年度除平台、人才、软科学、科普、后补助类项目和部分成果推广示范项目外的其他四类省级计划项目(经费 ≥ 10 万元)结题验收工作中推行科技报告呈交制度，2011—2014 年项目共呈交报告 632 篇。2018 年，在省自然科学基金重点项目结题验收和中期评估中推行科技报告呈交制度。2019 年，省自然科学基金项目全面推行科技报告呈交制度，省级项目科技报告覆盖面由 2015 年的科技重大专项扩大到 2019 年的自科基金、科技重大专项、技术研发类项目和部分技术创新引导计划类项目。同时，2019 的省级科技奖励申报，也将科技报告呈交要求作为项目参评的必要条件之一。

目前，湖南省省级项目仅平台、人才、后补助类项目和部分成果推广示范项目在结题验收前不需呈交科技报告，且要求省科技报告管理服务中心在 2 个工作日内完成新增科技报告的初审工作，基本实现了省级科技计划项目科技报告制度的全覆盖和常态化。截至当前，共完成省级项目 1.5 万余份科技报告的呈交和 9000 余份的开放共享，实现了全省科研成果的有效保存和持续积累，省级科技报告系统累计实名注册用户 3700 余人，累计访问量达 37.6 万余次。

8.3.3　加强省市协同，推进市州省直工作

为加快建立覆盖全省财政科技计划的科技报告工作体系，协同推进市州、省直部门科技报告制度建设，经与长株潭三市科技局及省教育厅、省经信委、省卫计委等 6 家单位进行沟通联系，并重点走访长沙市科技局和三家省直单位，湖南省于 2017 年 9 月制定出台《湖南省科技报告试点工作方案》，确定在长沙、株洲、湘潭 3 个市市省经信委、省教育厅、省卫计委 3 个省直单位开展科技报告试点，同步推进市州、省直部门科技报告制度建设。2017 年 3 月、11 月分别面向市州、省直单位举办了二期科技报告指导人员研修班。2017—2018 年，相继推动长沙市在市级重大专项启动科技报告呈交工作，并举办"长沙科技人才创业沙龙——科技报告撰写培训会"；株洲市下发通知，要求"100 万元以上的重大科技成果转化/产业化项目"验收时呈交科技报告；湘潭市制定了市级项目科技报告管理实施细则，并举行"2017 年湘潭市科技报告培训会"，其他试点单位则全部完成试点计划类别的明确，且省教育厅与省科技厅联合举办了"全省高等学校科技报告专题宣讲活动"。

2018 年 5 月，湖南省在湘潭市组织召开"2018 年市州科技报告制度建设业务培训会"，开始全面推进 14 个市州的科技报告制度建设。2019 年，湖南省科技厅下发《关于加快市州科技报告制度建设的通知》，明确要求各市州 2020 年 3 月底前建立科技报告制度，2020 年 4 月底前建成本地区科技报告管理服务系统，并从 2019 年 12 月底开始定期向省科

技信息研究所汇交科技报告。为持续指导并推进市州科技报告制度建设，2020—2024年，湖南省相继组织召开了"2020年市州科技报告制度建设总结经验交流会""2022年湖南省科技报告制度建设研讨会暨工作座谈会""2024年湖南省科技报告工作会议暨研讨会"。截至目前，湖南已有13个市州制定出台科技报告相关制度，11个市州完成了市级系统部署，12个市州启动了市级项目科技报告呈交工作，市州项目共呈交科技报告600余篇，实现开放共享460余篇。

湖南省在全国率先推进省直部门科技报告试点工作，率先全面推进14个市州的科技报告制度建设，相关工作走在全国前列，得到了科技部官网、省政府官网、新华网、《湖南日报》等多家权威媒体的报道，得到了国家政府部门、同行专家的高度肯定以及市州科技局、科技报告依托单位、企业和广大科研工作者的一致好评。

8.3.4　加强经费投入，持续提供工作保障

无论是国家还是各试点省份，获得主要领导的重点支持是快速推动科技报告工作的制胜法宝。湖南省的科技报告工作从启动至今，一直得到了厅党组的高度重视。厅党组曾多次讨论科技报告工作，省科技厅时任党组书记、厅长童旭东曾对科技报告工作多次进行批示，2015年，省科技厅制定的《关于加快建立湖南省科技报告制度的实施意见》得到湖南省人民政府办公厅转发。

为加快推进本省的科技报告制度建设，湖南省科学技术厅2016年专门设立工作专项，下拨经费183万元，用于科技报告系统的软硬件建设、政策制度的宣传培训和科技报告回溯等工作的开展。2017年，湖南省创新性地为长株潭3个试点市提供了一定的经费补助。此后湖南省科学技术厅每年通过政府购买服务的方式，为科技报告工作的长期、稳定开展提供30万元以上的工作经费，从而为全省科技报告制度建设提供了基本条件保障。

8.4　资源挖掘利用研究实践

8.4.1　案例一：科研项目查重

湖南省学习借鉴浙江、四川等省利用科技报告进行科研项目查重的工作经验，结合本省实际，制定了科技报告用于项目查重的工作规范和策略，并在省自然科学基金项目立项工作中进行了试点探索，工作流程如图8-2所示，具体为：(1)以已提交立项申请书或科技报告的国家和省级科技项目为比对目标，用机器加强数据比对，比对范围包括省级科技报告数据库、省级科技计划项目数据库、国家科技报告数据库、国家科技计划项目数据库等；(2)根据机器比对结果，加强人工核对识别与整理；(3)起草科技项目查重评估报告。

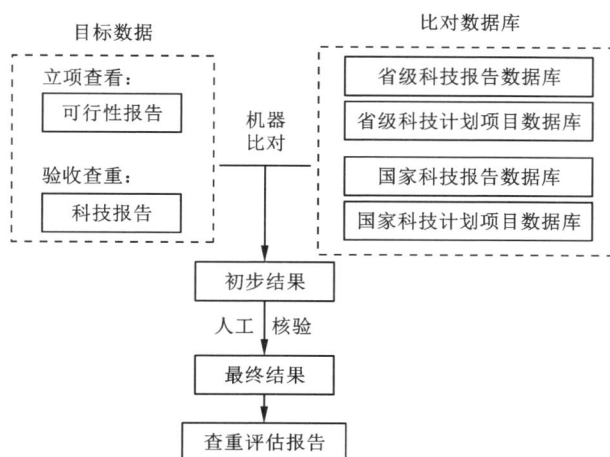

图 8-2　科技报告用于科研项目查重的流程图

8.4.2　案例二：湖南省新材料产业研发现状分析

8.4.2.1　研究背景

新材料是指以高端金属结构材料、特种金属功能材料、先进高分子材料、新型无机非金属材料、高性能复合材料等为代表的、新出现的、具有优异性能和特殊功能的材料；或者是在传统材料中，由于成分或工艺改进使其性能明显提高或具有新功能的材料[1]。新材料产业作为重要的战略性新兴产业之一，其发展关系到国民经济、社会发展和国家安全[2]。国家在"十三五"科技创新规划中就提出，要围绕重点基础产业、战略性新兴产业和国防建设对新材料的重大需求，加快新材料技术突破和应用。把发展新材料技术作为构建现代技术产业体系的重要战略之一[3]。新材料产业集群也是湖南省"十四五"期间重点打造的产业集群之一[4]。湖南省新材料总量规模位居全国第一方阵，居中部六省第一位，2018 年全省新材料企业完成新材料产值突破 4000 亿元，其中先进复合材料、先进储能材料、高性能结构材料、先进有色金属、精细化工材料等子领域比较优势明显[5]。

---

① 师昌绪. 关于构建我国"新材料产业体系"的思考[J]. 工程研究-跨学科视野中的工程, 2013, 5(1): 5-11.
② 屠海令, 张世荣, 李腾飞. 我国新材料产业发展战略研究[J]. 中国工程科学, 2016, 18(4): 90-100.
③ 中华人民共和国国务院. "十三五"国家科技创新规划[Z]. 2016-7-28.
④ 诸玲珍. 湖南：聚焦"3+3+2"现代产业体系　打造先进制造业集群[N]. 中国电子报, 2022-03-29(002).
⑤ 中国新闻网. 湖南新材料产业总量规模位居全国第一方阵[EB/OL]. (2021-12-06)[2022-04-15]. https://baijiahao.baidu.com/s? id=1718411854329313560&wfr=spider&for=pc.

8.4.2.2 数据来源及研究方法

研究数据来源于"湖南科技报告共享服务系统"(http://www.hnstrs.cn/)。由于新材料属于产业范畴,"新材料"一词并不一定会出现在相关科技报告的题名、关键词和摘要等常规文献字段中。为了有效获取数据,本书以系统管理员身份在系统后台数据库中"技术领域"这一特殊字段进行检索,检索词为新材料和材料。截至2018年1月31日,在该系统共检索到已上传共享的新材料产业相关科技报告195份。

为保证分析结果的准确性,对初筛的数据进行了人工清洗,对部分检索结果进行了规范化处理,包括单位名称、关键词分隔符、支持渠道和执行年限等字段。

(1)初筛结果的人工剔除。数据检索时,为防止漏检,在"技术领域"字段以"材料"作为检索词,扩大了检索范围,检索结果包含新材料、新材料技术领域、材料科学领域和工程材料科学等。其中有部分科技报告不属于新材料产业,根据新材料的内涵界定,对检索到的结果进行了人工判别,剔除了不属于研究对象的科技报告,如《城市通风多态流动机理与危害源追溯反演研究》等。

(2)单位名称的规范化处理。单位名称的规范化处理以组织机构代码为准,同一机构使用同一名称,如检索结果中同时存在"中南大学"和"中南大学冶金与环境学院",但中南大学只有一个组织机构代码,故认定为同一机构,即"中南大学"。单位同时存在全称和简称的使用全称。

(3)关键词分隔符规范化处理。检索结果中关键词分隔符存在空格、逗号、顿号和分号等多种分隔符。分析前,统一规范为英文分号,以便于后期关键词拆分处理。

(4)支持渠道规范化处理。项目支持渠道,也称项目类型。对检索结果中存在同一个计划,计划名不同的情况,进行统一。如"国家科技支撑计划"和"科技部支撑计划",均指同一个计划,因此统一规范为"国家科技支撑计划"。为区分项目层次,对湖南省属项目,统一加"省"字,如湖南省属的"重点研发计划"统一变更为"省重点研发计划"。

(5)其他预处理。为更好地体现项目的时间跨度,以检索结果中起始日期和截止日期为据,计算了报告所属项目的执行年限。研究还对个别错误的数据进行了更正还原,无法还原的进行了剔除。

研究采用了词频统计方法、社会网络分析方法对湖南省新材料产业的研发现状及发展趋势进行了分析,并提出了建议。首先对作者、单位、立项年度和关键词等进行了统计分析,从中可以看到湖南新材料产业研发的研究主体、资助渠道、研究热点等。然后用社会网络分析的方法,对研究机构、研究者和研究主题的共现关系进行了分析,明晰了产业内研究机构、研究者的合作关系,研究主题的共词聚类。最后基于湖南省新材料产业研发现状和发展趋势,提出了合理的发展建议。

研究使用的数据处理工具主要有:分词处理采用ROSTCM6,词频分析采用BibExcel,复杂网络数据可视化采用Gephi和VOSviewer,部分基础性的数据整理使用了Excel软件及VBA语言。

8.4.2.3 研发现状概况分析

（1）关键词统计

关键词是从全文中提炼出来的，最能反映全文含义和中心内容的词或词组。对产业相关科技报告的关键词进行统计分析，可以发现该产业的研究热点。对湖南省新材料产业相关 195 份科技报告的关键词进行词频统计，共发现相关关键词 791 个，其中出现频次大于 6 次的关键词 23 个，见表 8-1。从表 8-1 可以看出，出现频次最高的是碳/碳复合材料，高达 26 次，可见该方向是近年来湖南省新材料产业最主要的研究热点。除此之外，复合材料、纳米材料、陶瓷、铝合金、氧化矿、硬质合金也是湖南省新材料产业重要的研究对象，碳纤维、锂电池、树脂等也有一定的关注度。此外，湖南省的研究者还重点关注新材料的摩擦磨损、制备、改性、烧蚀和快速 CVI（化学气相渗透）等新材料工艺问题。

表 8-1 频次 6 次以上的关键词

序号	关键词	频次/次
1	碳/碳复合材料	26
2	复合材料	16
3	纳米材料	14
4	摩擦磨损	13
5	制备	13
6	陶瓷	11
7	改性	10
8	低品位	9
9	铝合金	9
10	烧蚀	9
11	氧化矿	8
12	预制体	8
13	硬质合金	8
14	快速 CVI	7
15	高性能	7
16	碳纤维	7
17	锂电池	7
18	界面	7
20	涂层	6
21	铜矿	6

续表8-1

序号	关键词	频次/次
22	吸波性	6
23	产业化	6
24	树脂	6

（2）研究机构分布

科技报告中有科技报告所属项目承担单位这一特殊字段，利用此字段对湖南省从事新材料产业研发的机构进行了统计。发现湖南省从事新材料研发的机构共计73家，按其单位性质划分，其中高校15家，企业54家，科研院所4家。在产出的新材料科技报告中，其中高校共产出120份，占61.54%；企业产出54份，占35.38%；科研院所产出6份，占3.08%。（表8-2）由此可见在湖南省内，新材料产业的知识生产仍然是以高校为主，参与新材料研发的企业虽然数量众多，但产出的科技报告却不足三成，科研成果产出率相对较低。

表8-2　研究机构分类

机构类型	数量/家	科技报告量/份	科技报告量占比/%
高校	15	120	61.54
企业	54	69	35.38
科研院所	4	6	3.08

为更进一步地了解各机构的研发情况，对各研发机构的报告份数分别进行统计，表8-3列出了科技报告份数2份以上的机构。分析发现，湖南省新材料产业知识生产呈现两极分化的现象。近一半的新材料产业相关科技报告集中在排名前3个机构，即中南大学、湖南大学和GFKJDX，其中中南大学以75份的数量，占到新材料产业相关科技报告总量的38.46%，而企业中同类科技报告数量最多的是湖南顶立科技有限公司，为5份，仅占总量的2.56%。73家机构中，有52家的新材料产业相关科技报告数量仅为1份。

表8-3　科技报告数量2份以上的承担单位

序号	承担单位	报告数量/份
1	中南大学	75
2	湖南大学	11
3	GFKJDX	10
4	湖南顶立科技股份有限公司	5
5	湖南工业大学	5
6	湖南三泰新材料股份有限公司	4

续表8-3

序号	承担单位	报告数量/份
7	湘潭大学	4
8	长沙理工大学	3
9	中南林业科技大学	3
10	郴州市强旺新金属材料有限公司	2
11	湖南阿斯达新材料有限公司	2
12	湖南埃普特医疗器械有限公司	2
13	湖南合纵科技股份有限公司	2
14	湖南省冶金材料研究院有限公司	2
15	湖南稀土金属材料研究院有限责任公司	2
16	湖南永盛新材料股份有限公司	2
17	冷水江三 A 新材料科技有限公司	2
18	南华大学	2
19	湘能华磊光电股份有限公司	2
20	中国石油化工股份有限公司长岭分公司	2
21	株洲时代新材料科技股份有限公司	2

（3）研究者分布

为进一步分析湖南省新材料产业相关科技报告的产出来源，明确这些报告是由这些机构中的哪些研究者完成，研究组对科技报告的作者进行了统计分析。产出科技报告 3 份以上的研究者见表 8-4。由表可见，科技报告产出 3 份以上的共 26 人，其中来自中南大学的 21 人，陈启元参与了 12 份科技报告的研究撰写工作，来自其他机构的仅有湖南顶立科技股份有限公司的 3 人，来自国防科学技术大学的 2 人，可见湖南省新材料产业研发的学术领军人物高度集中于中南大学。结合表 8-3、表 8-4 可知，湖南省新材料产业的各机构的科研力量不均衡，不同机构间研发实力相差较大，中南大学是湖南省新材料产业研发的重要机构之一。

表 8-4　产出 3 份以上科技报告的研究者

序号	作者	作者单位	频次/次
1	陈启元	中南大学	12
2	熊翔	中南大学	8
3	肖鹏	中南大学	7
4	张福勤	中南大学	7

续表8-4

序号	作者	作者单位	频次/次
5	易茂中	中南大学	6
6	张雁生	中南大学	6
7	葛毅成	中南大学	6
8	戴煜	湖南顶立科技股份有限公司	6
9	黄伯云	中南大学	6
10	冉丽萍	中南大学	6
11	刘学端	中南大学	5
12	谭兴龙	湖南顶立科技股份有限公司	5
13	王军	中南大学	5
14	邱冠周	中南大学	5
15	李新海	中南大学	4
16	周伟	中南大学	4
17	张新明	中南大学	4
18	羊建高	湖南顶立科技股份有限公司	4
19	彭超义	GFKJDX	3
20	肖加余	GFKJDX	3
21	胡慧萍	中南大学	3
22	冯其明	中南大学	3
23	王志兴	中南大学	3
24	李杨	中南大学	3
25	郭华军	中南大学	3
26	罗衡	中南大学	3

（4）时间分布

科技报告中"立项年份"字段是科技报告所属科技项目的立项时间，执行年限是由项目的执行起止时间计算而来。从表8-5可以看出，湖南省新材料产业相关科技项目在2006—2007年，每年立项数量为20余项，但在2008—2010年，每年立项数却陡然降至5~7项，而在2011—2014年，每年立项数却又猛升至27~28项；2015—2016年，因有部分立项项目尚未完成结题，所以统计的数据比实际立项数要少。由此可见，湖南省每年在新材料产业上立项的科技项目数量呈现一定的波动，但近年来一直维持在比较稳定的水平。

表 8-5　科技报告所属项目立项年份分析

立项年份	报告数量/份
2006	24
2007	22
2008	5
2009	7
2010	6
2011	28
2012	28
2013	27
2014	28
2015	18
2016	2

　　执行年限是科技项目的特征指标之一，图 8-3 对科技项目的执行年限统计后发现，195 份新材料产业相关科技报告所属的科技项目中，执行年限长短不一，从 0.8~5 年不等。从分布上看，执行年限以整年、半年或接近整年、半年为主，占到了报告总量的 68%，其中，所属项目执行年限 1 年、2 年和 3 年的科技报告数量分别为 6 份、29 份和 46 份；超过 4 年的集中在 4.1 年、4.6 年和 4.9 年，科技报告数量分别为 14 份、22 份和 16 份。经进一步分析，发现科技报告所属项目执行年限超过 4 年的均来源于国家重点基础研究发展计划(973 计划)，这与 973 计划旨在解决国家战略需求中的重大科学问题，以及对人类认识世界将会起到重要作用的科学前沿问题的定位相关，可见要实现新材料产业内的知识发现和技术突破，往往需要较长的时间。

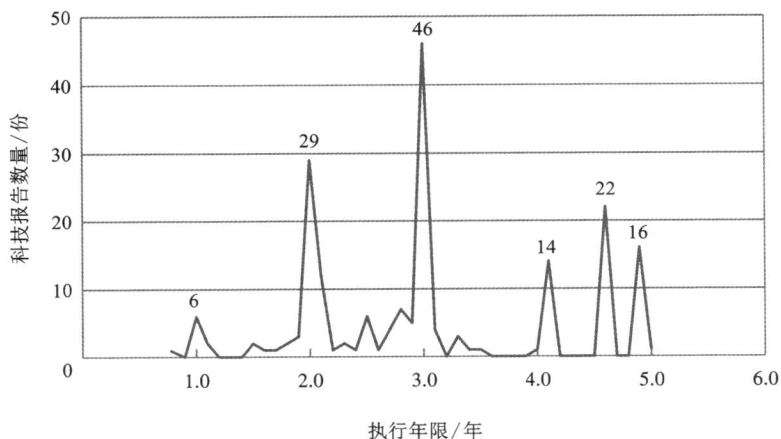

图 8-3　科技报告所属项目执行年限分析

（5）研究层次

为更好地了解湖南省新材料产业相关研究的层次，对新材料产业相关 195 份科技报告所属项目类型进行了分析。

由表 8-6 可知，在新材料产业相关科技报告所属项目类型分布上，国家项目主要是国家 973 计划和 863 计划，分别有 52 份和 25 份；湖南省属项目以省重点研发计划最多，其次是省重点研发计划和省科技重大专项，分别有 57 份和 32 份。973 计划旨在解决国家战略需求中的重大科学问题，以及对人类认识世界将会起到重要作用的科学前沿问题。863 计划旨在提高我国自主创新能力，以前沿技术研究发展为重点，统筹部署高技术的集成应用和产业化示范。湖南省科技重大专项针对国家和省重大战略需求，瞄准产业关键共性技术和民生公益技术等重大技术瓶颈。湖南省重点研发计划主要是对湖南省优先支持的产业链而组织的科学研究计划。由此可见，国家已将发展新材料产业作为战略需求，高度重视新材料产业的技术研发和产业化示范，而湖南省也十分重视新材料产业的发展。进一步查阅资料发现，新材料是湖南省重点研发计划优先支持的技术领域，另外《湖南省"十三五"科技创新规划》已将新材料产业列为明确支持的 10 大领域产业技术创新链之一。

表 8-6　科技报告所属项目类型分析

支持渠道	报告数量/份
国家 973 计划	52
国家 863 计划	25
国家国际科技合作专项	3
国家科技支撑计划	1
省科技重大专项	32
省重点研发计划	57
省自然科学基金	14
省技术创新引导专项	10
省创新平台与人才专项	1

（6）区域分布

从表 8-7 可知，新材料产业相关科技报告量排名前三的区域分别是长沙、株洲、湘潭和娄底，分别为 133 份、17 份、9 份和 9 份。其中长沙在新材料产业研发上占据绝对优势，195 份新材料产业相关的科技报告中，长沙占比达 68%，无论是数量还是占比，都远高于排名第二的株洲。长株潭城市群合计产出新材料产业相关科技报告 159 份，占比更是高达 82%。娄底、衡阳等 9 个地区共计产出新材料产业相关科技报告 36 份，占比仅 18%，湘西和永州相关科技报告甚至仅有 1 份，张家界、邵阳甚至没有。由此可见，湖南省新材料产业研发力量分布极不均衡，研发力量集中在长株潭城市群，且长沙是绝对的核心，而其他地区的研发力量相对薄弱。

表 8-7　科技报告所属地区分析

地区	报告数量/份
长沙	133
株洲	17
湘潭	9
娄底	9
衡阳	7
郴州	6
益阳	4
怀化	3
岳阳	3
常德	2
湘西州	1
永州	1

8.4.2.4　研发共现关系分析

（1）机构合作关系

在同一份报告中，有 2 个（含）以上的作者单位，则这些单位之间被认为是有合作关系。对湖南省新材料产业相关科技报告作者单位进行合作关系分析，结果如图 8-4 所示。节点之间的连线表示合作关系，线条的粗细表示合作关系的密切程度，图中标出了合作机构超过 4 家的机构。由图可知，湖南省新材料产业研发机构的合作关系呈现以中南大学为核心的趋势，省内外多家研发机构单位均与中南大学存在合作关系。结合数据可知，与中南大学在新材料产业研发上存在合作关系的研发机构达 48 家。中南大学与北京科技大学的连线最粗，表明二者之间的合作关系最为密切；其次是中南大学与北京有色金属研究总院也有较多的合作。省内除中南大学外，与其他研发机构存在较多合作关系的还有国防科技大学、湖南大学，与它们在新材料产业研发上存在合作关系的研发机构分别为 15 家、14 家，另外，株洲新时代材料科技股份有限公司、湖南工业大学、长沙理工大学、南华大学与其他研发机构在新材料产业研发上存在一定的合作关系，与它们合作的研发机构分别为 8 家、6 家、5 家、5 家。

图 8-4 中也可以看到，除了本省的研发机构，一些湖南省域外机构也参与了湖南省新材料产业的研发工作，其中参与较多的有北京科技大学、北京有色金属研究总院、中国铝业股份有限公司、中航工业、上海交通大学和山东大学等。

图 8-4 中还可以看到，在湖南省新材料产业研发机构中，存在几个关系明显的机构合作网络。一个是以中南大学、中国有研科技集团有限公司、东北大学、北京工业大学、上海交通大学、北京航空航天大学、中国科学院金属研究所、中国铝业股份有限公司、中国

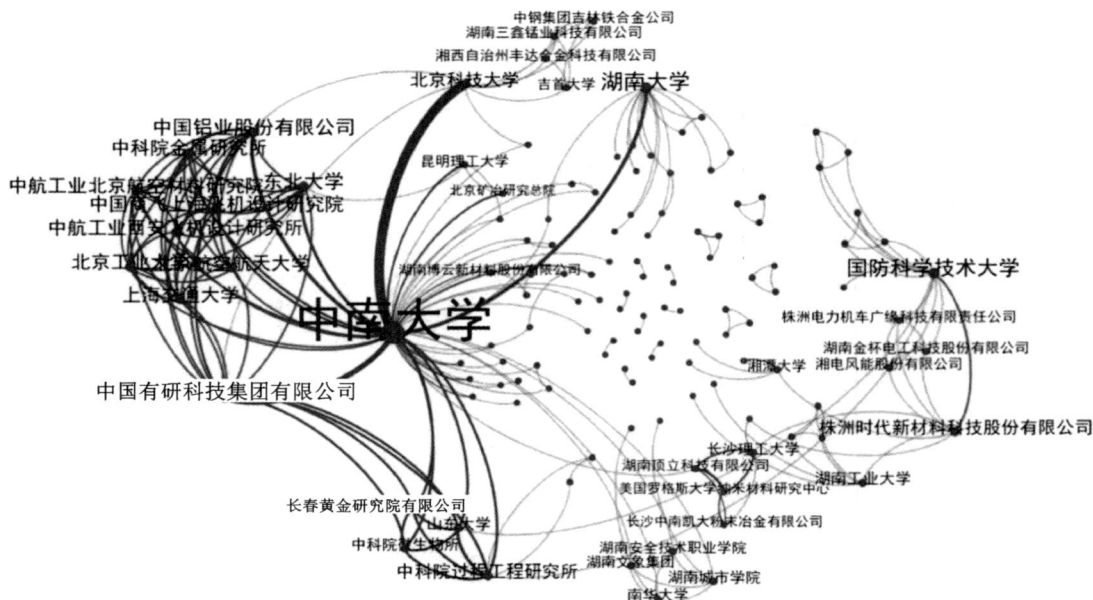

图 8-4　科技报告合作机构分析

商飞上海飞机设计研究院、中航工业北京航空材料研究院和中国航空工业集团公司西安飞机设计研究所。进一步分析这一网络合作的科技报告发现，这个网络的具体合作研究方向主要在航空高性能铝合金材料上。

　　另一个是以中南大学、中国有研科技集团有限公司、山东大学、中科院、中国科学院过程工程研究所、中国科学院微生物研究所和长春黄金研究院有限公司为核心的合作网络。这一合作网络主要研究方向为微生物冶金的过程强化。

　　还有一个是以长沙理工大学、湖南顶立科技有限公司、长沙中南凯大粉末冶金有限公司和美国罗格斯大学为核心合作网络。该合作网络以纳米钨基材料为主要研究方向。

　　（2）研究者合作关系

　　不同的研究者均出现在同一份科技报告的作者字段中，被认为是存在合作关系。对存在两个以上作者的新材料产业相关科技报告进行整理，分析该产业内研究者之间的合作关系，结果如图 8-5 所示。由图可知，与其他研究者合作关系最多的是陈启元，其次是王志兴、李新海。进一步查阅资料发现，研究者陈启元曾任中南大学教授兼副校长，是新材料领域 973 计划"战略有色金属难处理资源高效分离提取的科学基础"的首席科学家，在新材料领域多有建树；而王志兴为中南大学冶金科学与工程学院副院长；李新海为中南大学教授，从事冶金、材料与电化学的基础理论研究与新技术开发，是 2008 年度国家科学技术进步二等奖"高能量密度、高安全性锂离子电池及其关键材料制造技术"的第一完成人。

　　图 8-5 中还可以看出，湖南省新材料产业研发存在几个明显的研究者合作网络，结合科技报告的其他字段信息发现：一个是以陈启元、王志兴和李新海为核心的合作网络，这

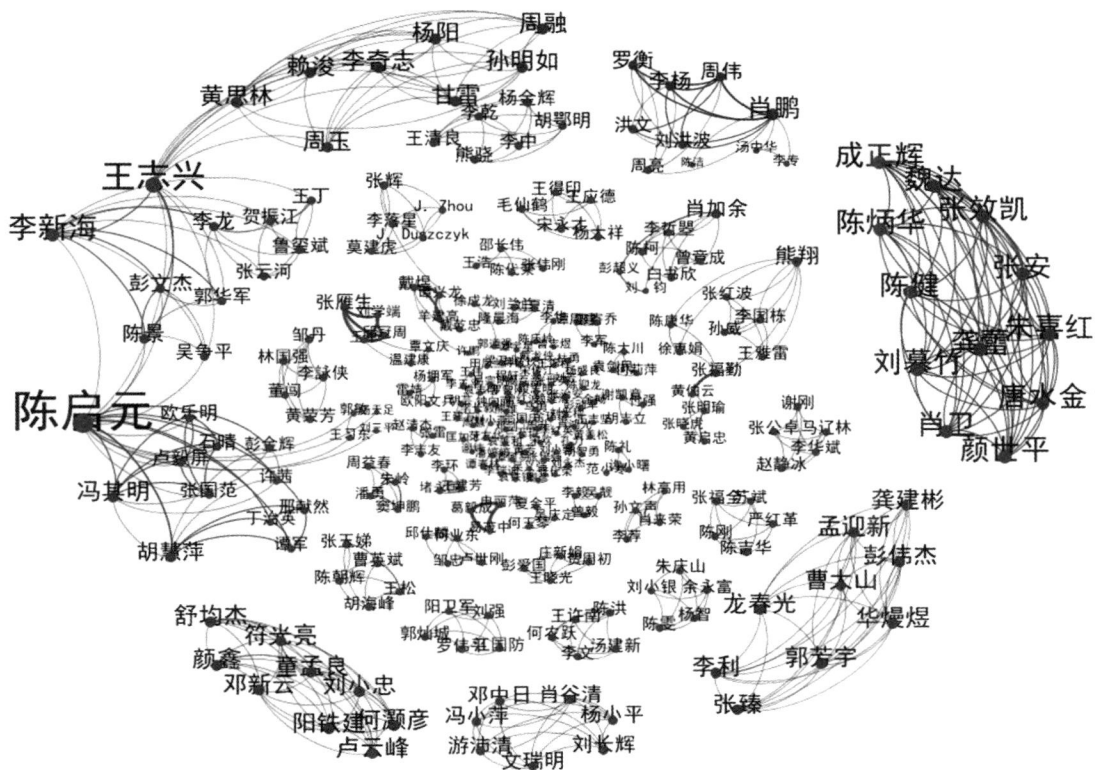

图 8-5　科技报告作者合作关系分析

一网络的成员主要来自中南大学，主要研究难处理氧化矿的冶炼利用和锂电池正负极关键材料等方向。一个是包含成正辉、张安和陈健等研究者的合作网络，这一网络成员来自湖南埃普特医疗器械有限公司，主要从事精密医用导管的研发。另一个是包含颜鑫、杨铁建和童孟良等研究者的合作网络，这一网络成员来自湖南化工职业技术学院，主要研究纳米碳酸钙材料。还有一个网络，包括龙春光、曹太山孟迎新等研究者，这一网络成员主要来自长沙理工大学，主要在 AF/POM 高分子复合材料研究方面展开合作。另外还有来自中南大学的肖鹏、李杨和罗衡等组成的合作网络，主要在碳/碳复合材料领域展开合作研究。中南大学邱冠周、张雁生和刘学端等组成的合作网络，在微生物冶金方面展开合作。湖南城市学院的文瑞明、肖谷清和游沛清等组成的合作网络，在后交联树脂方面展开合作研究。

　　（3）关键词共现分析

　　关键词共现分析可以识别研究前沿，而且可以有效地跟踪研究前沿的产生、成长、消退、消失过程①。为进一步了解湖南省新材料产业研究热点及其变化趋势，研究组对报告

---

① 郑彦宁，许晓阳，刘志辉. 基于关键词共现的研究前沿识别方法研究[J]. 图书情报工作，2016，60（4）：85-92.

中关键词共现关系进行了分析。提取出在不同科技报告中出现3次（含）以上的关键词，进行共现分析，结果如图8-6和图8-7所示。

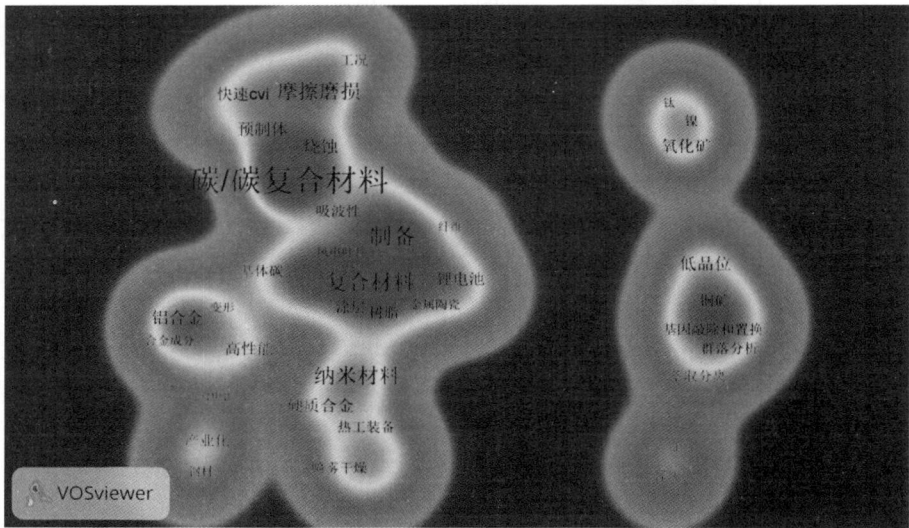

图8-6　关键词共现热力图

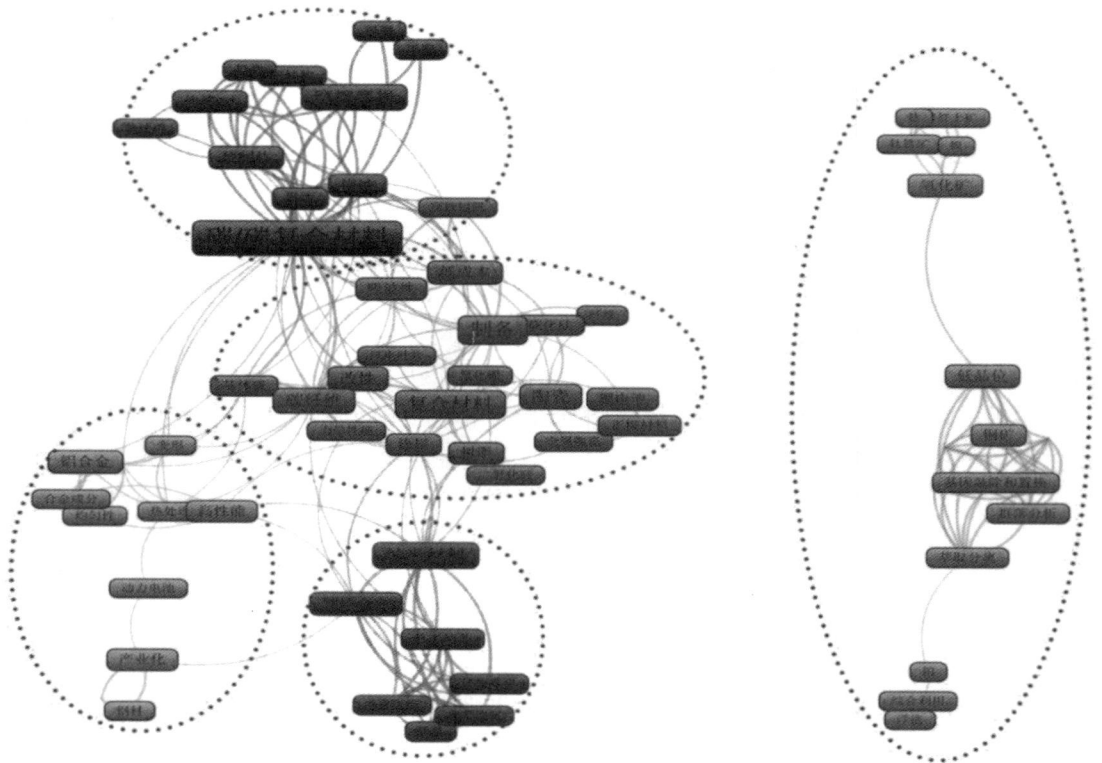

图8-7　关键词共现聚类网络

由图 8-6 可知，湖南省新材料产业的研究热点为碳/碳复合材料、复合材料和纳米材料等，这与关键词统计结果一致。

由图 8-7 可知，在 195 份新材料产业相关科技报告的关键词中，明显分为 5 个关键词簇，即把湖南省新材料产业的研究可分为 5 个方向，各簇包含的主要关键词如表 8-8 所示。一个以碳/碳复合材料为核心，主要关注碳/碳复合材料的摩擦磨损、烧蚀、预制体等工艺和性能问题。第二个以制备、复合材料和陶瓷为核心，主要关注复合材料的制备相关问题，包括材料的改性，碳化硅陶瓷是其主要的研究对象。第三个是以纳米材料和硬质合金为核心，主要关注纳米材料及硬质合金的热工装备和碳量控制等问题。第四个是铝合金为核心，主要关注铝合金的合金成分、微结构及均匀性。第五个以低品位、氧化矿为核心，主要关注低品位氧化矿的冶炼与再利用以及微生物冶金等问题，属材料与冶金的交叉领域。

表 8-8　关键词聚类分簇

簇号	主要关键词（频次）
I	碳/碳复合材料（27）；摩擦磨损（13）；烧蚀（9）；预制体（8）；快速 CVI（7）；界面（7）；热导（5）；工况（5）；机理（5）；碳结构（5）
II	制备（16）；复合材料（15）；陶瓷（11）；改性（10）；低成本（8）；碳纤维（7）；锂电池（7）；吸波性（6）；树脂（6）；涂层（6）；正极材料（5）；碳化硅（5）；基体碳（5）
III	纳米材料（14）；硬质合金（8）；热工装备（5）
IV	铝合金（9）；高性能（7）；微结构（7）；产业化（6）
V	低品位（9）；氧化矿（8）；铜矿（6）；基因敲除和置换（5）；宏基因组（5）；微生物冶金（5）；比较基因组（5）；生物反应器（5）；群落分析（5）；萃取分离（5）

由于新兴的研究热点在已公布的研究成果中出现的频率较低，为更好地把握研究热点随时间的变化趋势，对在新材料产业相关科技报告中出现频次为 2 次（含）以上的关键词，以时间为序进行统计分析，结果如图 8-8。

由图 8-8 可知，低品位氧化矿和碳/碳复合材料的研究开展得较早，近年来研究热点有向复合材料、纳米材料以及铝合金方向迁移的趋势，尤其是新材料的产业化发展日益受到重视。

8.4.2.5　分析结果

研究组对湖南省新材料产业相关的科技报告进行了分析。研究结果表明：（1）湖南新材料产业的研究热点为复合材料、纳米材料以及新材料的制备和性能等方面，尤其是碳/碳复合材料。根据研究热点之间的共现关系，可将研究热点聚类为 5 个方向。从热点的变化趋势可以看出，近年来新材料的产业化发展日益受到重视。（2）湖南新材料产业研发机构主要是高校，其中中南大学在该产业的贡献最为突出，湖南大学和国防科技大学次之，并形成了以这 3 所高校各自为核心的研究合作网络。湖南省新材料产业相关的科技企业虽

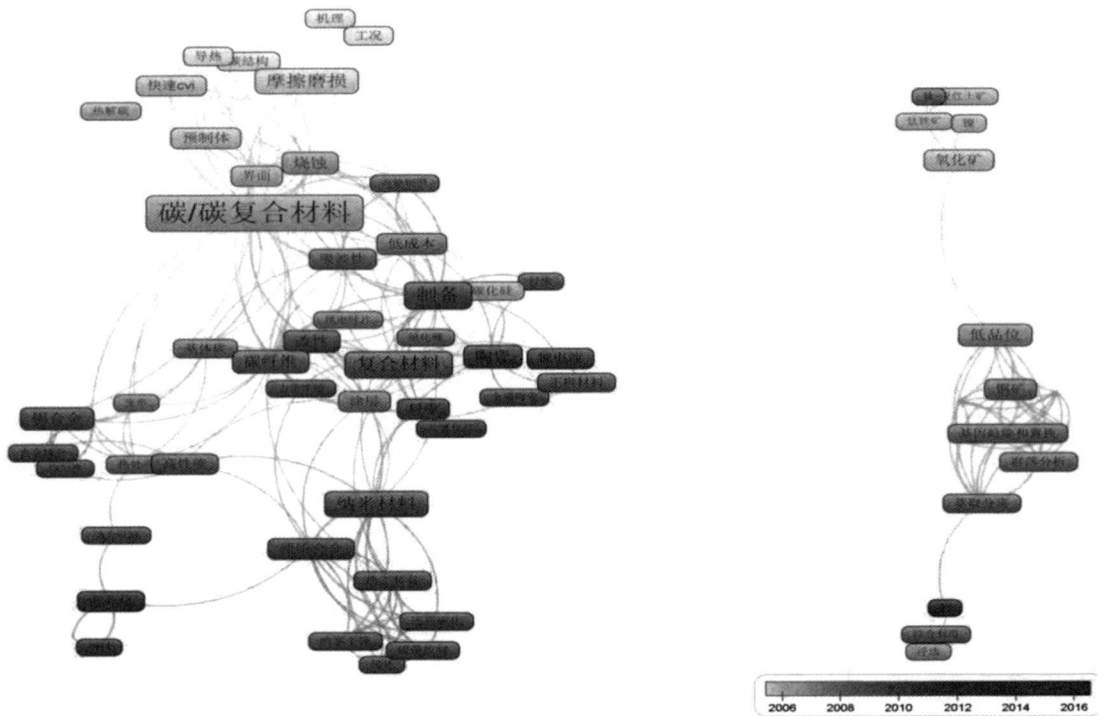

图 8-8　关键词共现年度变化趋势

然数量多，但研发力量分散，每个企业产出的科技报告仅 1~2 份。（3）研究成果较多的研究者中，高校方面多来自中南大学，如陈启元、熊翔等；在科技企业方面，以湖南顶立科技有限公司的戴煜、谭兴龙等为代表。研究者之间的合作关系中，来自中南大学的研究者合作对象比较多元，合作的网络也最大，其他的研究者合作多在其所属的机构内部进行。（4）在新材料产业相关的科技项目上，湖南省每年立项 27~28 项，项目执行年限多为整年，年限为 2~5 年不等。在项目类型分布上，国家和省属的项目均有一定占比，其中国家层面的多属于 973 计划，省属的多为重点研发计划和重大科技专项。（5）从地域分布来看，湖南省新材料产业的研究力量分布极不均衡，大部分的已有研究集中在长株潭城市群，长沙的占比尤为突出。

　　根据以上研究结论，研究组对湖南省做好新材料产业的研发工作，提出如下建议：（1）抓住重点，把握趋势。对湖南省研发较为突出的碳材料、复合材料和铝合金等领域保持重点关注，抓住硬质合金、增材制造等新材料产业的最新发展热点，促进新材料产业的产业化发展，提升新材料产业科技进步对经济增长的贡献率。（2）加强产学研合作，促进科技成果转化。中南大学、湖南大学等高校研发实力较强，应加强与本地科技企业合作，促进科技成果转化。不断提升研发实力，提高湖南省新材料产业的科技投入产出效率，进而形成技术和产业优势。（3）因地制宜，平衡发展。在长株潭地区，充分利用高校新材料产业科研资源，形成以长沙为核心，长株潭协同发展的格局。同时利用衡阳、娄底矿产资源丰富的优势，发展该地区的有色金属冶炼、特种钢材和合金工艺等新材料相关产业。适当发挥岳阳石化工业发展的潜力，发展高分子有机材料。多措并举，因地施策，促进湖南新材料产业平衡健康发展。

8.4.3　案例三：湖南省现代农业领域研究主题热点分析

8.4.3.1　研究背景

当前，我国正由传统农业向现代农业转型，已进入发展现代农业，加快构建新型农业经营体系，深入推进农业发展方式转变，实施乡村振兴战略的重要时期。农业科技创新是推进农业现代化的重要动力，虽然目前我国农业科技进步贡献率已达 60%，但仍与发达国家有较大差距。湖南省作为农业大省，2018 年农林牧渔业总产值达到 5300 亿元，但研发投入仍有不足，全社会 R&D 投入占 GDP 比重偏弱，仅为 1.8%，创新对包括农业在内的产业支撑仍有较大上升空间。因此了解区域农业领域的研发现状，对做好农业产业规划布局，合理分配有限的农业领域研发资金，最终促进区域农业的健康发展，具有重要意义。

8.4.3.2　数据来源及分析方法

研究数据来源于"湖南科技报告共享服务系统"（http://www.hnstrs.cn/）。在科技报告技术领域中，以"农业"为主题词进行检索，得到的结果有"农业-种植"、"农业-养殖"和"农业-农产品加工"等技术领域分类，为了提高检索结果覆盖的准确性，对"资源与环境"，"生物与医药-中药"等领域分类下与农业领域存在交叉的科技报告进行人工筛选。对选中的科技报告信息进行采集，采集的字段包括科技报告题名、关键词和立项年度等信息。为更准确地体现湖南省农业领域的研发现状，研究只采集了 2013 年（含）以后立项相关科技项目产生的科技报告。截至 2018 年 4 月，湖南科技报告共享服务系统共收录 2013 年（含）以来立项科技项目产生的农业领域相关科技报告 248 份。

为提高分析的准确性，研究组将每份科技报告的题名和关键词分别合并为一条信息，并且进行切分词处理，删除虚词，并且人工剔除研究（research）、关键（key）、方法（method）和进展（development）等一些在题名中普遍存在且干扰分析的词汇，从而形成包含 248 条热点词信息的文本语料库，其中语言处理及分析采用 python 语言及 Gensim 工具包实现，词频统计采用 BibExcel 软件实现。

复杂网络在现实社会中广泛存在，节点和边是复杂网络中的基本要素，在复杂网络中，个体或事物即为节点，节点之间存在的关系（关联）即为边。两个不同热点词在同一篇文献中出现，即表示热点词存在一条边，称之为词共现。基于此，不同的热点词在一定的文献样本中可形成广泛的联结，即基于词共现的复杂网络。通过对复杂网络的可视化，可以发现网络中的研究热点。本研究复杂网络计算及可视化采用 Gephi 0.9.2 软件实现。

围绕某个或某几个研究热点往往会形成特定的研究主题，但在复杂网络中由于节点之间的关系复杂，不一定形成明显的社团结构，不同主题之间往往难以区分。为挖掘出隐藏在复杂网络中的研究主题及其网络，研究组采用 python 语言环境下自然语言处理工具模块 Word2vec 实现。Word2vec 通过神经网络的方法进行学习，其中的连续词袋（Continuous Bag-of-Words，CBOW）模型，在输入某一个特定词的上下文相关的词对应的多维词向量后，经过模型训练，可以输出这一个特定词的词向量。从而计算不同词向量与特定词向量的余弦相似度（余弦距离），最后可输出经过归一化处理的余弦距离最近的相关词汇。Word2vec 工具中 CBOW 模型原理如图 8-9 所示，具体的实现模型及算法参见 Mikolov 的相关论文，这里不再赘述。

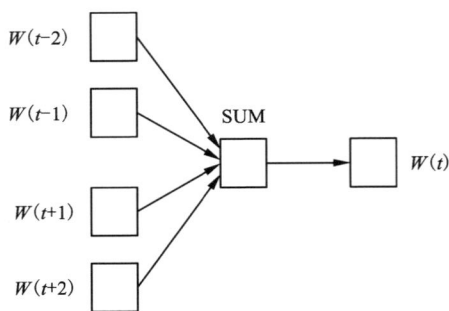

图 8-9　CBOW 三层神经网络模型原理图

8.4.3.3　高频主题词分析

对词频进行计量统计，排名前 20 的热点词如表 8-9 所示。从表中可以发现湖南省现代农业领域，种植业的栽培（cultivation）方向，在分析的 248 份报告中，有 53 份与栽培有关，占比超过 20%，这与湖南省农业以种植业为主的产业结构相符。其次，对新产品、工具、方法、技术的应用（application），也受到广大科研工作者的重视，这表明湖南省的农业研究仍然以应用研究为主。此外，育种（breeding）也是湖南省现代农业关注的重要方向，这表明新品种研发是湖南省现代农业发展的重要发力点，这与《湖南省"十三五"科技创新规划》中将现代种业列为 10 大领域产业技术创新链之一的情况一致。除此之外，水稻（rice）、产业化（industrialization）、品种（variety）、系统（system）、品质（quality）、资源（resources）和有机的（organic）也是湖南省现代农业的研发热点词，这其中既有湖南省传统的研究热点，也体现了近年来一些研究方向正成为新的研究热点。

表 8-9　排名前 20 的高频热点词

序号	热点词	频次/次	序号	热点词	频次/次
1	cultivation（栽培）	53	11	utilization（利用，效用）	22
2	application（应用）	44	12	yield（产量，收益）	19
3	breeding（育种）	40	13	seedling（种苗）	19

续表8-9

序号	热点词	频次/次	序号	热点词	频次/次
4	rice(水稻, 大米)	36	14	hybrid(杂交)	18
5	industrialization(产业化)	31	15	resources(资源)	18
6	processing(工艺, 处理)	28	16	agriculture(农业)	16
7	variety(品种)	25	17	fertilizer(肥料)	16
8	system(系统)	23	18	acid(酸)	15
9	tea(茶)	22	19	green(绿色)	15
10	quality(质量, 品质)	22	20	organic(有机的)	15

8.4.3.4　研究主题词共现关系分析

为更好地研究不同热点之间的关系, 研究组以热点词为节点, 其在科技报告中的共现关系为边, 进行复杂网络分析。将从科技报告题名和关键词中经过分词处理的单词, 词频3次以上, 利用 Gephi 软件进行共现可视化作图, 保留共现3次以上的边关系, 其结果如图8-10所示。由图可知, 湖南省农业领域研究热点为栽培(cultivation)、水稻(rice)、育种

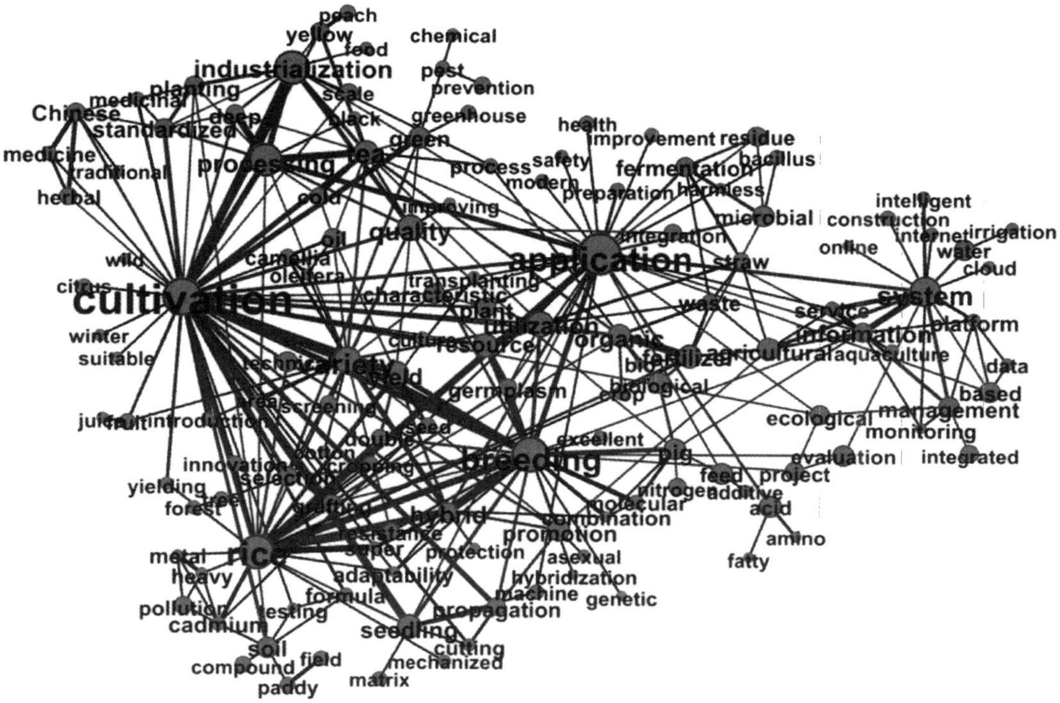

图 8-10　研究热点间的共现关系

（breeding）、应用（application）和系统（system）等，这与表 8-9 的结果一致。其中以栽培和应用的关注度最高，与其他研究热点的联系也最多。但是由于所分析的科技报告都同属于现代农业领域的缘故，各节点之间关系较为紧密，仅系统（system）节点为核心的子网络与其他节点的联系相对较少，各节点未形成明显的子网络。

8.4.3.5 核心主题词及其主题分析

虽然整个领域的热点联系整体比较紧密，但是不同热点之间的联系紧密程度却不一。结合表 8-9 和图 8-10，根据热点词的分布情况，选取部分频次较高、边关系较多的研究热点为核心热点词，利用 Word2Vec 工具，计算核心热点与其他所有热点的余弦相似度（$\cos\theta$），对与之相关的研究主题进行了分析。Word2Vec 模型参数如下：最小丢弃词频 min_count=3，学习速率 alpha=0.05，高频词汇随机采样配置阈值 sample=0.0015，训练算法 sg=0（C-Bow 算法），迭代次数 iter=30。选取余弦相似度最高的 10 个词，部分结果如表 8-10 所示。

表 8-10　不同核心热点词及其主题分析（部分）

cultivation（栽培）		rice（水稻）		breeding（育种）		system（系统）	
相关热点词	$\cos\theta$	相关热点词	$\cos\theta$	相关热点词	$\cos\theta$	相关热点词	$\cos\theta$
introduction	0.941	super	0.971	combination	0.968	information	0.993
demonstration	0.936	hybrid	0.957	molecular	0.958	service	0.992
efficient	0.936	resistance	0.946	cotton	0.945	intelligent	0.98
blueberry	0.919	adaptability	0.944	hybrid	0.911	cloud	0.976
suitable	0.91	mechanized	0.901	adaptability	0.905	fishery	0.966
variety	0.908	cotton	0.884	promotion	0.905	monitoring	0.963
yield	0.9	seed	0.879	goat	0.873	informatization	0.963
selection	0.888	yielding	0.877	yielding	0.872	online	0.956
seedling	0.885	efficiency	0.869	resistance	0.869	platform	0.955
industrialization	0.885	cropping	0.821	germplasm	0.862	management	0.95

由表 8-10 可知，不同核心热点词形成的研究主题，其研究内容是有所区分的。例如在以栽培（cultivation）为核心的主题中，主要关注新技术、新品种和新装备等的采用（introduction）、示范（demonstration）及生产效率（efficient）的提高。以水稻（rice）为核心的研究主题则主要关注杂交水稻尤其是超级杂交稻（super hybrid rice）及作物抗性（resistance）和适应性（adaptability）。以育种（breeding）为核心的主题中，则可以看出研究者主要采用联合（combination）育种、分子（molecular）育种、杂交（hybrid）育种等育种方法，育种方向主要在提升（promotion）品种的适应性（adaptability）、产量（yield）和抗性（resistance）等。而以系统（system）为核心的研究主题，则明显与信息（information）、服务

（service）、intelligent（智能的）、云（cloud）、在线（online）等热点词关系紧密，这表明借助新一代信息技术发展现代农业，已成为农业信息化的必然趋势。

8.4.3.6　分析结果

研究组基于湖南省科技报告数据，采用文献计量、复杂网络和模型分析等情报学手段和方法，分析了湖南省现代农业领域的研发现状。结果表明，湖南省现代农业领域研发侧重在种植业、现代种业和农技推广应用等方向；农业产业化、农业信息化等正成为研究的新热点；各研究热点间联系较多，也较紧密，除信息农业外，未有形成较独立的研究子网络。不同主要研究热点所属的研究主题不同，研究的内容也有所区分。

根据研究结果，研究组对湖南省现代农业领域研发提出如下建议：（1）立足省情，扎实做好种植业研发投入和农技推广。结合湖南省以种植业为主的农业结构和科技水平较低的现状，做好作物新品种、先进农业装备和生产新技术的推广示范工作，促进农业科技成果转移转化，提高农业科技进步贡献率。（2）大力发展现代种业。依托岳麓山种业实验室建设和多名院士团队的雄厚科研实力支撑，发挥优势，培育高产、高效和优质的作物及畜禽水产新品种，做大做强湖南现代种业。（3）重视农业产业化、农业信息化和生态农业等新兴热点的发展。要注重产学研结合，科技成果必须服务于产业，才能产生直接的经济效益。注重农业生产的产业化、标准化，并积极融合"互联网+"和物联网等新一代的信息技术，以提高生产效率。同时还要将生态环保的绿色发展理念植入现代农业的研发工作中，使新的农业科研成果对资源节约型社会、环境友好型社会的建设起到积极的推动作用。

附　录

附录一

湖南省人民政府办公厅
转发省科技厅《关于加快建立湖南省科技报告
制度的实施意见》的通知

（湘政办发〔2015〕65 号）

各市州、县市区人民政府，省政府各厅委、各直属机构：

省科技厅《关于加快建立湖南省科技报告制度的实施意见》已经省人民政府同意，现转发给你们，请认真贯彻执行。

湖南省人民政府办公厅
2015 年 8 月 12 日

关于加快建立湖南省科技报告制度的实施意见

（省科技厅　2015 年 7 月 10 日）

科技报告是描述科研活动的过程、进展和结果，并按照规定格式编写的科技文献。建立科技报告制度，是深化科技体制改革、促进科技资源开放共享、促进科技成果转化与产业化的重要手段。为加快建设创新型湖南，根据《国务院办公厅转发科技部关于加快建立国家科技报告制度指导意见的通知》（国办发〔2014〕43 号）精神，结合我省实际，现就加快建立我省科技报告制度提出以下实施意见。

一、总体要求

（一）工作目标。到 2020 年建成覆盖全省科技计划、与国家科技报告制度相衔接的科技报告呈交、收藏、管理、共享工作体系，形成科学、规范、高效的科技报告管理模式和运行机制，为提升我省科技实力、建设创新型湖南提供支撑。

（二）进度要求。按照试点先行、统一标准、分步实施的原则，实现省、市州科技报告工作协同推进。具体工作进度分成 4 个阶段。

1. 启动试点阶段（2015 年 8 月至 2016 年 6 月）。制订《湖南省科技报告制度建设实施方案》、《湖南省科技计划科技报告管理办法》等相关制度；对省科技计划项目开展科技报告试点，实现省级(含)以上各类科技计划(专项、基金)科技报告制度全覆盖；完成省级科技报告服务系统建设，力争完成试点计划项目科技报告回溯工作，实现 500 份以上科技报告上线运行；选择 2 个市州或省直单位开展科技报告试点工作；分类分层次开展科技报告专题培训，建设科技报告人才队伍。

2. 全面实施阶段(2016 年 7 月至 2017 年 6 月)。省级科技报告服务系统正式上线运行。进一步健全工作机制，规范操作规程，初步建立起国家、省、市州和省直单位互联互通的科技报告呈交、收藏、管理、共享工作体系，以及包括进展报告、专题报告、最终报告等较为完善的科技报告体系。科技报告制度延伸至全省所有财政性资金资助科技项目。

3. 完善提升阶段(2017 年 7 月至 2018 年 12 月)。进一步完善科技报告组织管理体系和运行机制，将科技报告全面纳入财政性资金资助的科技项目管理程序，同时引导社会资金资助项目实行科技报告制度，实现科技报告工作常态化。结合用户意见完善科技报告服务系统，探索开展科技报告共享增值服务。

4. 优化运行阶段(2019 年 1 月至 2020 年 12 月)。优化全省科技报告管理模式和运行机制，深度开发科技报告资源，使管理模式和运行机制更加科学、规范、高效，科技报告共享增值服务水平和效率不断提升，为全省科技创新和政府决策提供重要的基础信息支撑。

二、责任分工

按照"谁立项、谁管理"原则，依托现有的科技计划管理渠道，建立省科技厅、市州和省直单位的项目管理部门、项目承担单位科技报告逐级呈交组织管理机制。

(一)省科技厅负责全省科技报告工作的统筹规划、组织协调和监督检查。省科技厅牵头制订湖南省科技报告制度建设的相关政策，按照科技报告的标准和规范组织实施。对各市州和省直单位的科技报告工作进行业务指导。委托相关专业机构承担全省科技报告的接收、收藏、管理和共享增值服务，开展省级科技报告服务系统建设、运行、管理维护和科技报告的宣传培训服务工作。

(二)市州和省直单位的项目管理部门负责科技报告工作组织实施与管理。各市州和省直单位将科技报告工作纳入科研管理程序，在科研合同或项目任务书的预期成果和考核指标中，明确规定科技报告呈交的类型、数量和期限，依托现有机构对科技报告进行统一收藏和管理，并定期向省科技厅报送非涉密和解密的科技报告。对涉及国家安全、商业秘密和个人隐私等不宜公开的科技报告，由项目管理部门根据项目承担单位提出的科技报告密级和保密期限建议，按照国家有关保密规定进行确认，并负责做好涉密科技报告管理工作。

(三)项目承担单位负责科技报告工作落实与审核。项目承担单位应建立科技报告工作机制，将科技报告工作纳入科研管理范畴，根据需要制定科技报告工作鼓励措施，将其作为科技产出统计、考核奖励的重要依据。同时组织和督促项目组按要求撰写科技报告，统筹协调项目各参与单位共同推进科技报告工作。对本单位科技报告进行形式、内容和密级审核，并及时向项目主管部门呈交科技报告。

(四)科研人员负责科技报告撰写。科研人员应增强撰写科技报告的责任意识，将撰写合格的科技报告作为科研工作的重要组成部分，在科研工作中积极参考、借鉴已有科技报告，高起点开展研究工作。项目负责人根据科研合同或项目任务书要求，组织科研人员按时保质完成科技报告，并对内容和数据的真实性负责。

三、工作要求

（一）严格执行统一的科技报告标准。严格按照国家《科技报告编写规则》、《科技报告编号规则》、《科技报告保密等级代码与标识》、《科技报告元数据规范》以及湖南省科技报告相关规范进行科技报告撰写、收集、存储、加工处理、检索利用和交流传播，建立完善的科技报告制度操作规程，确保科技报告科学化、标准化。

（二）强化科技报告的持续积累。对目前已结题验收的科技项目，有条件的市州和省直单位应开展科技报告回溯工作。在做好财政性资金资助科技项目科技报告收集的同时，鼓励引导社会资金资助的科研活动呈交科技报告。省科技厅及其委托机构对全省范围内收集的科技报告进行加工整理、集中收藏和统一管理。

（三）建立科技报告共享服务机制。省科技厅及其委托机构根据分级分类原则进行数据化管理，通过省级科技报告服务系统面向项目主管机构、项目承担单位、科研人员和社会公众提供开放共享服务。鼓励有条件的市州和省直单位推动本地、本部门科技报告共享使用。各市州和省直单位要切实做好科技报告共享服务过程中的安全保密管理和知识产权保护工作，保障科研人员和项目承担单位的合法权益。

（四）开展科技报告资源增值服务。省科技厅、市州和省直单位的项目管理部门要组织相关单位开展科技报告资源深度开发利用，做好立项查重，避免科技项目的重复部署；结合科技成果评价，梳理我省重大科技进展和成果并向社会公布，推动科技成果形成知识产权和技术标准，促进科技成果转化和产业化；实时跟踪科技项目的阶段进展、研发产出等情况，服务项目过程管理；加强产业发展态势监测，为我省产业发展和民生保障关键技术选择提供服务。

四、保障措施

（一）加强组织领导。省科技厅会同省直有关单位建立科技报告工作会商制度，加强对全省科技报告制度建设重大事项的沟通和协商，不断提升科技报告管理水平。各市州和省直单位要高度重视，精心组织，健全工作机制，加强协调配合，抓好落实。

（二）健全工作机制。建立分工协作机制，加强责任主体联动配合，各负其责、共同推进。建立第三方评价机制，委托第三方机构综合评价科技报告呈交和共享使用情况，作为考评项目负责人、项目承担单位科研能力的重要指标。建立安全保密工作机制，规定公开和阅读权限，严格数据保密和申请程序，保障科技报告的数据安全。建立培训宣传机制，加强科技报告培训工作，提升科技报告撰写能力和管理水平，确保科技报告质量；利用各种媒体，加大科技报告工作宣传力度，营造重视科技报告的良好氛围。

（三）加强工作考核。省科技厅要加大对各市州科技行政主管部门和省直单位项目管理部门科技报告工作的考核。项目主管机构要将科技报告呈交和共享使用情况作为对项目负责人和项目承担单位后续滚动支持的重要依据。对未按时按标准要求完成科技报告任务的科技项目,按不通过验收或不予结题处理。对科技报告存在抄袭、数据弄虚作假等学术不端行为的,纳入项目负责人和项目承担单位的科研信用记录并依据相关规定向社会公布。

(四)加强工作保障。市州和省直单位要为科技报告制度建设提供人员、经费等基本条件保障;各项目主管部门要将科技报告撰写等相关费用统一纳入课题经费预算,确保科技报告工作顺利开展。

附录二

关于印发《湖南省科技计划科技报告管理办法》的通知

湘科发〔2015〕149 号

各市州、省直管县科技局，各有关单位：

现将《湖南省科技计划科技报告管理办法》予以印发，请遵照执行。

湖南省科学技术厅
2015 年 11 月 9 日

湖南省科技计划科技报告管理办法

第一章　总　则

第一条　为贯彻落实《湖南省人民政府办公厅转发省科技厅关于加快建立湖南省科技报告制度的实施意见》（湘政办发〔2015〕65 号），推动我省科技计划科技报告工作规范开展，促进全省科技资源的有效积累、交流和共享，参照科技部《国家科技计划科技报告管理办法》（国科发计〔2013〕613 号），制定本办法。

第二条　科技报告是描述科研活动的过程、进展和结果，并按照规定格式编写的科技文献。科技计划项目呈交科技报告的类型包括：

（一）进展报告。主要描述项目合同书或任务书规定时间范围内研究工作的目的、内容、方法、过程以及取得的进展、经验教训等内容。主要包括项目年度进展报告、中期评估报告等。

（二）专题报告。包括专题调研报告以及蕴含科研活动细节及基础数据的实验（试验）报告、测试报告、评估报告、分析（研究）报告、工程（生产、运行）报告等。

（三）最终报告。全面描述研究工作的全部过程、细节和结果（包括经验和教训），以数据、图表、照片等充分展示所做工作，是项目验收结题的必备材料。包括验收（结题）报告。

第三条　科技报告的撰写与管理工作严格按照国家《科技报告编写规则》、《科技报告编号规则》、《科技报告保密等级代码与标识》、《科技报告元数据规范》以及湖南省科技报告相关规定执行。

第四条　本办法适用于省级科技计划（专项、基金等）项目的科技报告。各市州（含省直管县）、相关省直单位的科技报告工作参照本办法执行。

第二章　职责分工

第五条　省科技厅负责全省科技报告工作的统筹规划、组织协调和监督检查。主要职责是：

（一）牵头制订全省科技报告制度建设的相关政策和规范。

（二）牵头与相关省直单位建立科技报告工作会商制度，加强对全省科技报告制度建设重大事项的沟通和协商。

（三）指导和督促各市州、相关省直单位的项目管理部门、项目承担单位按要求开展科技报告工作。

（四）组织实施省级科技计划科技报告工作。把科技报告工作纳入本计划项目立项、过程管理、验收结题等管理程序，计划牵头或主管处室指导、督促项目承担单位及时呈交科技报告。

（五）组织开展科技报告培训与开放共享服务工作。

第六条　省科学技术信息研究所承担全省科技报告的接收、收藏、管理和服务等工作。主要职责是：

（一）协助制订全省科技报告相关制度和规范，开展科技报告的咨询、培训、宣传、回溯等工作；

（二）负责科技报告的集中收藏、统一编码、加工处理、分类管理、安全保密等日常工作；

（三）进行省级科技报告服务系统的建设、管理、运行维护工作；

（四）定期向科技部报送非涉密和解密的科技报告；

（五）定期对全省各类科技计划的科技报告任务完成情况、产出情况进行统计分析，开展科技报告共享增值服务。

第七条　市州、省直单位的科技计划项目管理部门负责本地区、本部门科技报告工作的组织实施与管理。主要职责是：

（一）将科技报告工作纳入本地区、本部门的项目立项、过程管理、验收结题等科研管理程序；

（二）指导、督促项目承担单位按要求撰写和呈交科技报告，依托现有机构对科技报告进行统一收藏和管理；

（三）负责本地区、本部门科技报告的审查和移交工作，对涉密项目的密级和保密期限进行确认，并定期将本地区、本部门产生的非涉密和解密的科技报告移交省科学技术信息研究所。

第八条　项目承担单位应充分履行法人责任，切实做好本单位的科技报告工作。主要职责是：

（一）将科技报告工作纳入本单位科研管理程序，建立单位科技报告工作机制；

（二）组织、督促项目组按要求撰写科技报告，统筹协调各参与单位完成项目科技报告工作；

（三）负责本单位承担项目的科技报告审核和呈交工作。

第九条　项目负责人应按照项目合同书或任务书要求，组织科研人员按时保质完成科技报告，并对内容和数据的真实性负责。

第三章　工作流程

第十条　在签订项目合同书或任务书时，签约各方应根据科技计划类别、项目研究内容和资助强度，明确呈交科技报告的类型、数量和期限等事项，项目管理部门进行审核确认。

第十一条　在项目实施过程中，项目负责人按照项目合同书或任务书要求和相关标准规范，组织科研人员撰写科技报告，标注使用级别，或提出密级建议。

（一）非涉密项目的科技报告原则上标注"公开"。涉及技术诀窍以及需要进行论文发表、专利申请等知识产权保护的科技报告可标注"延期公开"，延期公开时限原则上为2—3年，最长不超过5年。非涉密项目产生的科技报告如涉及国家安全和重大利益等相关内容，应进行脱密处理。

（二）涉密项目的科技报告，按照国家相关保密规定提出密级和保密期限建议。

（三）对延期公开时限超过5年的，或对原定延期公开时限进行延长的，须说明理由，由项目承担单位提出延期申请，报项目管理部门审核批准。

第十二条　项目承担单位按照相关标准对科技报告进行编号，开展科技报告的形式审查、内容审查、密级审查后，通过湖南省科技计划管理信息系统或项目管理部门指定渠道呈交非涉密项目的科技报告。涉密项目的科技报告通过机要渠道呈交。

第十三条　项目管理部门和省科学技术信息研究所应定期检查科技报告任务完成情况，对涉密项目科技报告的密级和保密期限建议进行审核，及时报省科学技术保密工作办公室确认。

第十四条　省科学技术信息研究所按照国家科技报告标准规范对呈交的科技报告进行复审，对符合要求的科技报告，出具科技报告接收证明，进行统一编码、分类编目、主题标引和全文保存；对不符合要求的退回修改，在30个工作日内重新提交。

第四章　开放共享与权益保护

第十五条　科技报告按照"分类管理、受控使用"的原则，通过湖南省科技报告共享服务系统向社会开放共享。"公开"和"延期公开"级科技报告摘要向社会公众提供检索查询服务；"公开"级科技报告全文向实名注册用户提供在线浏览和推送服务；"延期公开"级科技报告全文实行专门管理和受控使用；涉密项目的科技报告严格按照国家相关保密规定进行管理。

第十六条　科技报告用户应严格遵守知识产权管理的相关规定，在论文发表、专利申请、专著出版等工作中注明参考引用的科技报告，确保项目承担单位和完成人的合法权益。

第十七条　省科学技术信息研究所按照国家相关保密规定，切实做好科技报告共享服务过程中的安全保密管理和知识产权保护工作，严格执行科技报告的延期公开时限，实时跟踪科技报告的使用日志，统计并发布科技报告共享使用情况。

第五章　保障措施

第十八条　科技报告的撰写、呈交、管理及共享增值服务所需经费，应统一纳入相应项目经费预算或在单位(部门)预算中安排专项工作经费。

第十九条　科技报告完成情况作为科技计划项目的考核指标和验收结题的基本条件。对未提出变更申请而未按时按标准要求完成科技报告任务的科技项目，按不通过验收或不予结题处理。对科技报告存在抄袭、数据弄虚作假等科研不诚信的单位和个人，纳入"黑名单"管理，给予通报批评，并视情节轻重，阶段性或永久取消其申请财政性科技资金资助项目的资格。

第二十条　科技报告的呈交和共享使用情况，作为对项目承担单位申报科技奖励、滚动支持和后补助支持经费的重要依据之一。

第二十一条　项目承担单位要积极组织参加科技报告培训活动，增强科研人员的责任感，提升科技报告的撰写能力和共享交流意识。

附录三

关于印发《湖南省科技创新计划科技报告管理办法》的通知

（湘科发〔2021〕17 号）

各有关单位：

现将修订后的《湖南省科技创新计划科技报告管理办法》印发给你们，请遵照执行。

湖南省科学技术厅
2021 年 3 月 9 日

湖南省科技创新计划科技报告管理办法

第一章　总　则

第一条　根据《中华人民共和国促进科技成果转化法》、《湖南省实施〈中华人民共和国促进科技成果转化法〉办法》、《科技部关于印发〈中央财政科技创新计划科技报告管理暂行办法〉的通知》（国科发创〔2016〕419 号）、《湖南省科技创新计划项目管理办法》（湘科发〔2020〕69 号）等文件精神，为推动我省科技创新计划科技报告工作规范开展，促进全省科技资源的有效积累、交流和共享，制定本办法。

第二条　科技报告是描述科研活动的过程、进展和结果，并按照规定格式撰写的特种科技文献，是国家和我省基础性、战略性科技资源，是全省科技创新实力与成果的重要体现。

第三条　科技报告的撰写与管理执行统一的科技报告标准。严格按照国家《科技报告编写规则》《科技报告编号规则》《科技报告保密等级代码与标识》《科技报告元数据规范》以及湖南省科技报告相关规定执行。

第四条　本办法适用于省级科技创新计划科技报告工作。各市州（含省直管县）、相关省直单位资助的科研项目的科技报告工作参照本办法执行。

第二章　职责分工

第五条　科技报告工作按照"谁立项、谁管理"原则，建立由省科技厅、市州和省直单位项目管理部门、项目承担单位组成的全省科技创新计划科技报告组织管理体系，明确职责分工，健全工作机制。

第六条　省科技厅负责全省科技报告工作的统筹规划、组织协调和监督检查。主要职责是：

（一）牵头制定全省科技报告制度建设的相关政策和规范。

（二）指导和督促各市州、相关省直单位的项目管理部门、项目承担单位按要求开展科技报告工作。

（三）组织实施省级科技创新计划科技报告工作。把科技报告工作全面纳入省级科技创新计划项目立项、过程管理、结题验收及监督检查和评估等管理程序，指导、督促项目承担单位及时呈交科技报告。

（四）组织开展科技报告宣传培训和开放共享服务工作。

第七条　省科学技术信息研究所承担全省科技报告的接收、保存、管理和服务等事务性工作。主要职责是：

（一）协助修订全省科技报告相关制度和规范，协助开展科技报告的咨询指导和宣传培训等工作；

（二）负责省级科技创新计划科技报告的集中收藏、加工审核、分类管理、安全保密等日常工作；

（三）收藏市州和省直单位科技创新计划项目公开科技报告和已解密解限科技报告；

（四）承担省级科技报告服务系统的建设、管理、运行维护工作，对已收录的科技报告发放收录证书；

（五）定期向科技部报送非涉密和解密的科技报告；

（六）开展科技报告共享服务，定期开展省级科技创新计划科技报告产出分析、立项查重、验收查重等增值服务，推动全省科技报告交流利用。

第八条　市州科技局、省直单位的科技计划项目管理部门负责本地区、本部门科技报告工作的组织实施与管理。主要职责是：

（一）将科技报告工作纳入本地区、本部门的项目立项、过程管理、验收结题等科研管理程序；

（二）指导、督促项目承担单位按要求撰写和呈交科技报告，依托现有机构对科技报告进行统一收藏和管理；

（三）负责本地区、本部门科技报告的审查和移交工作，对涉密项目的密级和保密期限进行确认，并定期将本地区、本部门产生的非涉密和解密的科技报告移交省科学技术信息研究所。

第九条　项目承担单位应充分履行法人责任，切实做好本单位的科技报告工作。主要职责是：

（一）建立本单位科技报告管理制度，将科技报告工作纳入本单位科研项目管理程序，指定专人负责本单位科技报告管理工作，并提供必要的条件保障；

（二）督促项目组按要求撰写科技报告；

（三）负责本单位承担项目科技报告的审核和呈交工作；

（四）建立本单位科技报告奖惩机制；

（五）项目牵头单位负责协调参与单位共同完成科技报告工作，并由项目牵头单位统一呈交项目科技报告。

第十条　项目负责人应按照项目任务书要求，组织科研人员按时保质完成科技报告，并对内容和数据的真实性负责。

第三章　工作流程

　　第十一条　项目负责人应在申报书中明确提出呈交科技报告的类型、时间和数量。应呈交的科技报告包括：

　　（一）项目结题验收前，必须呈交一份最终报告。要求全面描述研究工作的全部过程、细节和结果（包括经验和教训），以数据、图表、照片等充分展示所做工作。

　　（二）项目研究期限超过 2 年（含 2 年）的，应根据科技创新计划项目管理部门的要求，呈交年度或中期技术进展报告。主要描述项目任务书规定时间范围内研究工作的目的、内容、方法、过程以及取得的进展、经验教训、下阶段研究计划等内容。

　　（三）根据项目的研究内容、期限和经费强度，应呈交包含科研活动细节及基础数据的专题报告，如实验报告、调研报告、测试报告、评估报告、分析（研究）报告等。

　　第十二条　项目管理部门在签订项目任务书时，应根据科技创新计划类别、项目研究内容和资助强度，明确项目呈交科技报告的类型、数量和期限等事项，作为项目结题验收的考核指标。

　　第十三条　项目实施过程中，项目负责人应按照项目任务书要求和相关标准规范，组织科研人员撰写科技报告，提出科技报告密级和保密期限、延期公开和延期公开时限。

　　（一）非涉密项目的科技报告原则上标注"公开"。涉及技术诀窍以及需要进行论文发表、专利申请等知识产权保护的科技报告可标注"延期公开"。需要发表论文的，延期公开时限原则上在 2 年（含 2 年）以内；需要申请专利、出版专著的，延期公开时限原则上在 3 年（含 3 年）以内；涉及技术诀窍，延期公开时限原则上在 5 年（含 5 年）以内。论文发表或专利申请公开后，延期公开科技报告应及时公开。

　　（二）涉密项目科技报告可以确定为秘密级，如项目内容涉及国家安全和重大利益等相关内容，即机密或绝密级，科技报告应经降密或脱密处理后再行呈交。保密期限应根据国家相关保密规定提出。

　　第十四条　项目承担单位按照相关标准要求对本单位呈交的科技报告的编号、格式、内容、密级和保密期限、延期公开和延期公开时限等进行审核，确保科技报告内容真实完整、格式规范，并按时通过湖南省科技管理信息系统公共服务平台或项目管理部门指定的渠道和方式呈交非涉密项目的科技报告。涉密项目的科技报告通过机要渠道呈交。

　　第十五条　项目管理部门和省科学技术信息研究所应及时检查项目科技报告任务完成情况，对涉密项目科技报告的密级和保密期限进行审核，及时报省科学技术保密工作办公室确认。

　　第十六条　省科学技术信息研究所按照国家科技报告标准规范对呈交的科技报告进行复审，对符合要求的科技报告，出具科技报告收录证书，进行统一编码、分类编目、主题标引和全文保存；对不符合要求的退回修改。项目承担单位应及时修改，并在 15 个工作日内重新提交。

第四章　开放共享与权益保护

第十七条　科技报告按照公开与受控使用相结合的原则，通过湖南省科技报告共享服务系统向社会开放共享。"公开"和"延期公开"级科技报告摘要向社会公众提供检索查询服务；"公开"级科技报告全文向实名注册用户提供在线浏览服务；"延期公开"级科技报告全文实行授权受控使用，全文使用应得到项目管理部门或科技报告完成单位许可。涉密项目的科技报告严格按照国家相关保密规定进行管理。

第十八条　涉密和延期公开科技报告的保密期限或延期公开时限到期后，将自动公开。如需要延长保密期限或延期公开时限，应由项目承担单位向项目管理部门提出书面申请，获到批准后，于到期前 15 个工作日将批准材料提交省科学技术信息研究所。

第十九条　鼓励社会开展科技报告分析与深度利用。科技报告用户应严格遵守知识产权管理的相关规定，在论文发表、专利申请、专著出版等工作中注明参考引用的科技报告，确保项目承担单位和科技报告完成人的合法权益。

第二十条　省科学技术信息研究所按照国家相关保密规定，切实做好科技报告共享服务过程中的安全保密管理和知识产权保护工作，严格执行科技报告的延期公开时限，实时跟踪科技报告的使用日志，统计并发布科技报告共享使用情况。

第五章　保障措施

第二十一条　科技报告的撰写、呈交、管理及共享增值服务所需经费，应统一纳入相应项目经费预算或在单位(部门)预算中安排专项工作经费。

第二十二条　全省各级财政性资金资助的科技创新计划项目须呈交科技报告，鼓励利用非财政资金设立的科研项目呈交科技报告，省科学技术信息研究所以及市州、省直单位负责相关工作的部门应当为其提供方便。

第二十三条　科技报告完成情况作为科技创新计划项目的考核指标和验收结题的必备条件。对未按时按标准要求完成科技报告的，按不通过验收处理，并责令改正。对科技报告存在抄袭、数据弄虚作假等科研不诚信的单位和个人，纳入省级财政科技创新计划相关责任主体信用记录管理。对拒不完成科技报告呈交任务的，给予通报批评，阶段性或永久取消其申请财政性科技资金资助项目的资格。

第二十四条　省科技厅对科技报告撰写和管理工作的先进单位和个人适时给予表彰和奖励。科技报告的呈交和共享使用情况，作为对项目承担单位申报科技奖励、滚动支持和后补助支持经费的重要依据之一。

第二十五条　项目承担单位要积极组织参加科技报告培训活动，增强科研人员的责任感，提升科技报告的撰写能力和共享交流意识。

第六章　附　则

第二十六条　本办法由省科技厅负责解释，自 2021 年 3 月 9 日起施行，有效期 5 年。

附录四

湖南省实施《中华人民共和国促进科技成果转化法》办法
（2019 年修订）

（2000 年 5 月 27 日湖南省第九届人民代表大会常务委员会第十六次会议通过，根据 2010 年 7 月 29 日湖南省第十一届人民代表大会常务委员会第十七次会议《关于修改部分地方性法规的决定》修正，2019 年 9 月 28 日湖南省第十三届人民代表大会常务委员会第十三次会议修订）

第十二条　县级以上人民政府科学技术主管部门应当落实科技报告制度，建立和完善科技成果信息系统，规范科技成果信息采集、加工与服务活动，推动科技资源的持续积累、传播交流、信息共享和转化利用，为科技项目承担者提供培训和指导服务。科技报告除涉及国家秘密和商业秘密的内容外，应当依法向社会公开。科学技术主管部门应当依法向社会提供科技成果信息发布、查询、筛选等公益服务。

利用财政资金设立的科技项目的承担者，应当在项目验收前提交相关科技报告，汇交科技成果和相关知识产权信息。鼓励利用非财政资金设立的科技项目的承担者提交科技报告，汇交科技成果和相关知识产权信息。

附录五

关于印发《湖南省科技报告试点工作方案》的通知

（湘科发〔2017〕147 号）

各市州科学技术局：

现将《湖南省科技报告试点工作方案》予以印发，请遵照执行。

湖南省科学技术厅

2017 年 9 月 19 日

关于印发《湖南省科技报告试点工作方案》的函

（湘科函〔2017〕83 号）

省教育厅、省经信委、省卫计委：

现将《湖南省科技报告试点工作方案》予以印发，请遵照执行。

湖南省科学技术厅

2017 年 9 月 19 日

湖南省科技报告试点工作方案

根据省政府办公厅《关于加快建立湖南省科技报告制度的实施意见》（湘政办发〔2015〕65 号）文件精神，为实现"到 2020 年建成覆盖全省科技计划、与国家科技报告制度相衔接的科技报告呈交、收藏、管理、共享工作体系"的建设目标，结合我省实际，制定本工作方案。

一、总体目标

分层次推进市州、省直部门科技报告制度建设，完成"省级–地市"科技报告互联互通系统建设，分类开展科技报告专题培训，建设科技报告专业人才队伍，力争 2019 年底实现各地区、各部门的各类科技计划科技报告制度全覆盖。

二、工作原则

1."谁立项、谁管理"原则。依托市州、省直部门现有的科技计划管理渠道，建立市州、省直部门科技管理部门分别负责的科技报告制度建设组织管理架构。

2.统一标准规范原则。严格按照国家《科技报告编写规则》、《科技报告保密等级代码与标识》、《科技报告元数据规范》等技术标准规范，编写、审核、加工和交流利用科技报告。

3.先行先试分步实施原则。遵循"相互协商、双向选择"的原则，选择部分省直部门和市州开展试点，结合本地区、本部门实际先行选择部分科技计划进行试点，适时在其他市州、省直部门全面推进科技报告制度建设。

三、试点单位

长沙市科技局、株洲市科技局、湘潭市科技局、省教育厅、省经信委、省卫计委。

四、主要工作内容

1.确定试点科技计划范围。试点单位根据本地区、本部门科技计划管理实际，结合项目结题验收等管理工作流程，自行选择确定纳入试点范围的计划类别。

2.建立科技报告组织管理体系。将科技报告工作纳入试点计划的项目立项、过程管理、结题验收等管理程序，制定完善本地区、本部门科技项目科技报告管理制度，建立"项目管理部门—项目承担单位"二级组织管理体系。

3.建立科技报告工作体系。先行依托省级科技报告服务系统，依照科技报告试点工作流程(见附件)先期开展试点工作，分步建立"省级–地市"科技报告互联互通系统及工作体系。组织实施本地区、本部门科技报告工作，指导项目承担单位开展项目科技报告的撰写、呈交与审核。

4.建立科技报告收藏服务体系。成立科技报告管理服务机构，为开展试点工作提供必要保障，并指导其开展科技报告接收、加工审核、收藏与管理，并建立科技报告资源定期报送工作制度。

5.加强专业人才队伍建设。建立一支科技报告专业人才队伍，开展以科技报告收藏与共享管理，科技报告撰写、审核与呈交等为主要内容的专业培训。同时，定期组织本地区、本部门项目承担单位及负责人参加科技报告撰写与审核培训。

6.推进全省科技报告制度建设。试点单位应及时总结科技报告试点工作成效，广泛宣传并推广试点工作经验。省科技厅将适时召开科技报告制度建设推进会，全面部署并推进市州、省直部门科技报告制度建设。

五、时间安排

1. 2017年5月：确定科技报告试点计划类别，以及科技报告管理服务机构及人员。

2. 2017年6—7月：建立完善科技报告组织管理和工作体系。

3. 2017年8—12月：开展科技计划项目科技报告撰写、审改和共享等工作。

4. 2018年1月：组织"湖南省科技报告制度建设推进会"，总结并推广试点工作经验。

5. 2018年2月—2019年12月：全面推进市州、省直部门科技报告制度建设。

六、保障措施

1.加强组织领导。加强科技报告试点工作沟通和协商，建立工作会商机制，建立"上下联动、横向配合，各负其责、共同推进"的工作机制，省科技厅具体负责相关工作的组织协调。

2.加强专业技术支撑。省科技报告管理服务中心指定专人负责试点单位科技报告工作的指导、咨询与培训工作，为试点工作提供专业技术支撑和科技报告系统服务。

3.加强试点工作保障。省科技厅为试点单位人员培训、系统服务提供保障，试点单位应为试点工作提供人员、经费等基本保障。2018年起，试点单位将科技报告制度建设纳入部门预算和绩效考核。

附件：试点单位科技报告工作流程

附录六

关于加快市州科技报告制度建设的通知

（湘科函〔2019〕95 号）

各市州科技局：

为深入贯彻落实《关于加快建立湖南省科技报告制度的实施意见》（湘政办发〔2015〕65 号），推进市州科技报告制度建设，进一步规范科技报告工作，现就有关事项通知如下：

一、高度重视科技报告制度建设工作

科技报告制度是国家自上而下推行的一项基本制度，落实科技报告制度、建立和完善科技成果信息系统是县级以上人民政府科学技术主管部门履行《湖南省实施〈中华人民共和国促进科技成果转化法〉办法》的法定职能，按规定呈交科技报告是财政资金科技项目承担者的法定义务。

要高度重视科技报告制度建设，建立健全本地区科技报告管理机制，加快部署、推进本地区科技报告工作。各市州要在 2020 年 3 月底前建立科技报告制度，向我厅报送本地区科技报告制度建设方案，启动市本级财政科技计划项目科技报告呈交工作，2020 年 4 月底前建成本地区科技报告管理服务系统，并与本省科技报告服务系统实现互联互通。

二、建立健全科技报告工作机制

参照《中央财政科技计划（专项、基金等）科技报告管理暂行办法》（国科发创〔2016〕419 号）、《湖南省科技计划科技报告管理办法》（湘科发〔2015〕149 号），各市州要结合实际制定本地区科技报告管理实施细则，将科技报告工作纳入市州级科技计划、专项、基金等科研管理范畴，明确市州级财政经费支持的所有科技计划（含专项、基金等）项目均必须呈交科技报告，并与项目结题验收、科技奖励和后续支持等挂钩，同时鼓励引导社会资金资助的科研活动呈交科技报告。

各市州可依托现有机构对本地区的科技报告进行统一收藏和管理，按照《科技报告编写规则》（GB/T 7713.3—2014）等国家标准对科技报告进行审核加工。要高度重视信息安全，按照国家有关保密规定，做好公开科技报告、涉密或延期公开科技报告的分级分类管理和安全保存。要大力推动科技报告的开放共享，按照公开与受控使用相结合原则，面向社会公众、科研人员和科技管理人员开展公共服务。同时，对科技报告工作要提供长期、稳定的经费支持和人员保障，加强科技报告的宣传培训，实现科技报告工作的制度化、常态化。

三、做好科技报告汇交工作

从 2020 年 6 月底开始，各市州要定期向湖南省科学技术信息研究所汇交科技报告。汇交范围包括各地区公开科技报告和解密解限的科技报告全文，延期公开科技报告的题名、摘要等元数据信息。每年汇交两次，时间为每年的 6 月底和 12 月底，通过省级科技报告服务系统或其他商定的方式汇交。

湖南省科学技术厅

2019 年 11 月 15 日

参考文献

［1］　BATINA R G. Public goods and dynamic efficiency：The modified Samuelson rule［J］. Journal of Public Economics，1990，41（3）：389-400.

［2］　EECKE W V. Adam Smith and Musgrave's concept of merit good［J］. The Journal of Socio-Economics，2003，31（6）：701-720.

［3］　FRIEDMAN D. Evolutionary games in economics［J］. Economitrican，1991（59）：637-639.

［4］　ISO/TC 46/SC 9，ISO Committee Draft 5966 Information and documentation — Guidelines for the presentation of technical reports［Revision of ISO 5966：1982.

［5］　MIKOLOV，T.，CHEN，K.，CORRADO，G.，et al. Efficient estimation of word representations in vector space［J］. Computer Science，2013：1-12.

［6］　MIKOLOV，T.，YIH，W.，ZWEIG，G. Linguistic regularities in continuous space word representations［J］. NAACL HLT，2013：746-751.

［7］　National Information Standards Organization，ANSI/NISO Z39.18-2005 Scientific and Technical Report-Preparation，presentation，and preservation.

［8］　NTIS. A new strategic direction for NTIS［EB/OL］.（2017-05-16）［2022-04-15］. https://www.ntis.gov/n-ewsroom/2017/05/16/a-new-strategic-direction-for-ntis/.

［9］　NTIS. New look and feel for NTIS. gov［EB/OL］.（2017-03-31）［2022-04-15］. https://www.ntis.gov/ne-wsroom/2017/03/31/new-look-and-feel-for-ntis.gov.

［10］　RITZBERGER K，WEIBULL J W. Evolutionary Selection in Normal-Form Games［J］. Econometrica，1995，63（6）：1371-1399.

［11］　ROBERTS P C. Idealism in public choice theory［J］. Journal of Monetary Economics，1978，4（3）：603-615.

［12］　THOMSON J R. High Integrity Systems and Safety Management in Hazardous Industries［M］. Amsterdam：Elsevier Inc.，2015：281-292.

［13］　VEGA-REDONDO F. Efficiency and nonlinear pricing in nonconvex environments with externalities：A generalization of the Lindahl equilibrium concept［J］. Journal of Economic Theory，1987，41（1）：54-67.

［14］　WANG R Y，STRONG D M. Beyond Accuracy：What Data Quality Means to Data Consumers［J］. Journal of Management Information System. 1996，12（4）：5-33.

［15］　布什，等. 科学：没有止境的前沿［J］. 范岱年，等，译. 北京：商务印书馆，2004：79-82.

［16］　蔡利超，朱佳雨，王鸿飞，等. 国内科技报告推广现状与对策建议——以广东省为例［J］. 科技管理研究，2020，40（10）：187-195.

[17] 常理. 农业不平衡不充分问题将有效解决[N]. 经济日报, 2018-06-01(007).

[18] 陈峰. 面向企业用户的科技报告增值服务方式探讨[J]. 中国科技资源导刊, 2017(4): 51-54.

[19] 陈福集, 黄江玲. 基于演化博弈的网络舆情传播的羊群效应研究[J]. 情报杂志, 2013, 32(10): 1-5.

[20] 陈洁, 韩非, 武茜, 等. 科技报告数据关联机制研究[J]. 数字图书馆论坛, 2017(1): 46-50.

[21] 陈洁. 科技报告质量管理评价体系研究[J]. 中国科技资源导刊, 2019, 51(2): 55-60.

[22] 陈锦红. 基于长尾理论的图书馆服务的深化[J]. 情报资料工作, 2010(5): 86-88.

[23] 陈馨武. 科技报告在高校教学和科研中的作用[J]. 高校图书馆工作, 1982(4): 30-31.

[24] 初景利. 开放获取的发展与推动因素[J]. 图书馆论坛, 2006(6): 238-242.

[25] 党秀云. 公共部门的全面质量管理[J]. 中国行政管理, 2003(8): 31-33.

[26] 董聪, 董秀成, 蒋庆哲, 等. 中国石油企业低碳竞争力评价及对策研究[J]. 中国矿业, 2018, 27(3): 39-44.

[27] 杜薇薇, 剧晓红, 郑彦宁. 我国科技报告质量现状及对策研究[J]. 情报科学, 2018, 36(12): 96-100.

[28] 段黎萍. "国家科技报告服务系统"收录国际合作科技项目的文献计量分析[J]. 中国科技资源导刊, 2015(3): 45-49.

[29] 范并思, 王巍巍. 从合作藏书到存取——理论图书馆学视野中的文献资源建设[J]. 大学图书馆学报, 2003(2): 26-29+35.

[30] 方勇, 郑银霞. 全面质量管理在科研管理中的应用与发展[J]. 科学学与科学技术管理, 2014, 35(2): 28-38.

[31] 冯长根, 饶子和, 王陇德, 等. 建立国家科技报告体系势在必行[J]. 科技导报, 2011, 29(21): 15-16.

[32] 高金玉. 中国核科技报告资源体系探索[J]. 图书情报工作, 2018, 62(S1): 39-43.

[33] 高巍, 袁清昌, 乔振. 山东省地市科技报告工作现状与建议[J]. 中国科技资源导刊, 2017, 49(3): 67-70, 110.

[34] 高巍, 李玉凤. 科技报告工作省市协同推进机制研究——以山东省为例[J]. 图书馆理论与实践, 2017(2): 54-58.

[35] 宫平, 杨溢. 开放存取环境下我国图书馆发展路径研究[J]. 图书馆建设, 2007(1): 21-24.

[36] 龚裕, 张国兵. 基于 PDCA 理论的中国大学绩效管理体系研究[J]. 国家教育行政学院学报, 2012(11): 64-70.

[37] 郭春侠, 叶继元, 朱戈. 我国战略性新兴产业科技报告资源研究成果开发利用研究[J]. 图书与情报, 2017(1): 59-67.

[38] 国防科技报告管理办公室. 国防科技报告是国防科技发展的重要资源[J]. 航空科学技术, 2004(1): 11-14.

[39] 郝力. 基于黑龙江省农业领域科技报告数据的分析与应用[J]. 现代农业研究, 2017(8): 14.

[40] 何乃绍, 刘航平. 全面质量管理: 从产品到服务[J]. 江苏商论, 2005(3): 102-103.

[41] 何桢, 赵玉忠. 全面质量管理中的关键影响因素分析[J]. 统计与决策, 2008(12): 164-166.

[42] 贺德方, 曾建勋. 科技报告体系构建研究[M]. 北京: 科学技术文献出版社, 2014.

[43] 贺德方. 科技报告的内涵、作用与管理机制[J]. 情报学报, 2014, 33(8): 788-792.

[44]　贺德方. 科技报告资源体系研究[J]. 信息资源管理学报, 2013, 3(1)：4-9+31.

[45]　贺德方. 中国科技报告制度的建设方略[J]. 情报学报, 2013, 32(5)：452-458.

[46]　侯人华, 刘春燕, 杜薇薇. 科技报告制度体系与形成模式研究[J]. 情报理论与实践, 2014, 37 (1)：51-54.

[47]　胡大敏, 姜艳凤, 张丽, 等. 基于长尾理论的期刊情报建设与服务实证研究——个案分析在长春师范学院的实现[J]. 情报科学, 2011, 29(3)：350-353+358.

[48]　胡小菁. PDA——读者决策采购[J]. 中国图书馆学报, 2011, 37(2)：50.

[49]　黄凯南. 演化博弈与演化经济学[J]. 经济研究, 2009, 44(2)：132-145.

[50]　黄筱玲. 我国文献信息资源共建共享若干问题的思考[J]. 图书馆, 2006(2)：56-60.

[51]　贾志涛, 曾繁英. 第三方监督视角下财政科技经费监管演化博弈分析[J]. 哈尔滨商业大学学报 (社会科学版), 2017(5)：74-83.

[52]　江树青. 基于Web2.0的竞争情报信息搜集工作研究[J]. 大学图书情报学刊, 2008(4)：62-64.

[53]　金丽华, 张学友, 钱选诗, 等. 我国农业科技的发展及其对农业生产的贡献率[J]. 长江大学学报 (自科版), 2006, 3(1)：206-208.

[54]　剧晓红, 毛平. 创新驱动下的科技报告服务影响因素研究[J]. 现代情报, 2021, 41(2)： 107-114.

[55]　剧晓红. 基于科技报告的地区科技专长监测及其政策应用[J]. 图书与情报, 2017(5)：40-46.

[56]　瞿敬渤. 长尾理论和小众传播在互联网传播中的应用[J]. 科技与创新, 2014(12)：135+137.

[57]　科技部. 湖南省稳步推进科技报告制度建设工作[EB/OL]. (2018-11-15)[2022-04-15] http://www.most.gov.cn/dfkj/hun/zxdt/201811/t20181115_142767.htm

[58]　科技部. 中华人民共和国促进科技成果转化法(2015年修订)[EB/OL]. (2015-08-31)[2022-04-15] http://www.most.gov.cn/fggw/fl/201512/t20151203_122619.htm.

[59]　克里斯·安德森. 长尾理论[M]. 乔江涛, 译. 北京：中信出版社, 2006：10-12.

[60]　赖院根. 科技报告整合模式初探[J]. 中国科技资源导刊, 2014(1)：34-39, 93.

[61]　雷孝平, 陈亮, 刘玉琴, 等. 基于科技报告的电动汽车技术现状及发展趋势研究[J]. 中国科技资源导刊, 2017(3)：83-90.

[62]　雷孝平, 张英杰, 陈亮, 等. 电动汽车科技报告文献计量分析[J]. 中国科技资源导刊, 2017(2)： 25-34.

[63]　冷碧滨, 涂国平, 贾仁安, 等. 系统动力学演化博弈流率基本入树模型的构建及应用——基于生猪规模养殖生态能源系统稳定性的反馈仿真[J]. 系统工程理论与实践, 2017, 37(5)：1360-1372.

[64]　李佩佩. "长尾理论"的内涵与应用分析[J]. 东南传播, 2008(2)：74-75.

[65]　李萍. 科技报告制度中的知识产权问题研究[J]. 情报理论与实践, 2018, 41(8)：55-59+47.

[66]　李晚莲, 刘思涵. 基于层次分析法的社区医疗卫生机构应急能力评价[J]. 湖南社会科学, 2018 (2)：142-147.

[67]　林曦, 赵大志, 杨成, 等. 基于人工智能的高校图书馆智慧服务模式探析[J]. 四川图书馆学报, 2018(5)：25-29.

[68]　刘宝元. 科技报告管理工作亟待加强[J]. 中国信息导报, 1994(5)：9.

[69]　刘立雪. 我们是怎样用主题键词处理科技报告的[J]. 图书情报工作, 1981(4)：13-18.

[70]　刘莉. 公共图书馆读者决策采购实践创新与思考——以深圳市福田区图书馆为例[J]. 大学图书

情报学刊, 2020, 38（2）：77-80.

[71] 刘顺利, 李银生, 吴峰, 等. 我国科技报告建设面临的发展瓶颈及其对策建议[J]. 科技管理研究, 2019, 39（12）：252-256.

[72] 刘卫江. 基于主题模型的科技监测研究与实现：以科技报告为例[D]. 江苏：南京理工大学, 2014.

[73] 刘祥元. 美国政府出版物月目录介绍[J]. 情报理论与实践, 1993（4）：50-51.

[74] 刘艳苏, 桂秀梅. 二八定律与长尾理论在现代图书馆的共生应用[J]. 现代情报, 2009, 29（8）：40-42.

[75] 陆海燕, 吴魁. 农业科研单位科技报告质量控制评价及提升对策[J]. 江苏农业科学, 2017, 45（24）：353-356.

[76] 罗竹莲. 拥有与存取理论在图书馆信息资源建设中的应用[J]. 兰台世界, 2008（16）：62-63.

[77] 马宏丽. 长尾理论视域下河南旅游产业盈利模式创新研究[J]. 河南工业大学学报(社会科学版), 2018, 14（2）：50-55.

[78] 孟祥利, 王娟, 李爱菊, 等. 科研项目管理中的公众参与[J]. 中国高校科技, 2014（Z1）：45-46.

[79] 裴雷, 孙建军. 中国科技报告质量评价体系与推进策略[J]. 情报学报, 2014, 33（8）：813-823.

[80] 乔振, 高魏, 吴艳艳. 国内科技报告质量控制与评价研究——以山东省科技计划科技报告为例[J]. 现代情报, 2016, 36（4）：124-127.

[81] 乔振, 薛卫双, 魏美勇, 等. 基于 PDCA 循环的科技报告全面质量管理[J]. 中国科技资源导刊, 2017, 49（2）：18-24.

[82] 乔振. 我国科技报告研究进展与述评[J]. 中国科技资源导刊, 2016（1）：19-25.

[83] 曲靖野, 陈震, 郑彦宁. 基于主题模型的科技报告文档聚类方法研究[J]. 图书情报工作, 2018, 62（4）：113-120.

[84] 任惠超, 刘亮, 史学敏. 国家科技报告质量评价指标体系研究[J]. 中国科技资源导刊, 2016, 48（1）：42-49.

[85] 沈迪飞. 谈谈我国图书馆应用计算机的起步问题[J]. 图书馆学通讯, 1979（2）：66-71.

[86] 师昌绪. 关于构建我国"新材料产业体系"的思考[J]. 工程研究-跨学科视野中的工程, 2013, 5（1）：5-11.

[87] 施小平. 试论高校毕业论文(设计)的全面质量管理[J]. 高教探索, 2006（4）：62-64.

[88] 石颖. 美国科技报告制度的经验和启示[J]. 科技管理研究, 2014, 34（10）：34-37.

[89] 宋立荣, 彭洁. 美国政府"信息质量法"的介绍及其启示[J]. 情报杂志, 2012, 31（2）：12-18.

[90] 宋立荣, 周杰. 国家科技报告资源建设中的质量问题思考[J]. 中国科技资源导刊, 2016, 48（1）：50-56.

[91] 苏海燕. 基于"长尾理论"的图书馆服务模式[J]. 情报资料工作, 2007（3）：46-48.

[92] 孙红卫. 长尾理论在图书馆服务中的应用[J]. 情报杂志, 2008（8）：105-107.

[93] 孙涛, 王钰, 李伟. 区域科技成果外流的演化博弈分析——东北地区科技成果外流的原因和对策[J]. 中国科技论坛, 2018（5）：97-106.

[94] 屠海令, 张世荣, 李腾飞. 我国新材料产业发展战略研究[J]. 中国工程科学, 2016, 18（4）：90-100.

[95] 王姝, 宋峥嵘, 吴丽. 江苏省生物医药领域科技报告计量分析[J]. 天津科技, 2016, 43（12）：

52-55.

[96] 王维国,王霄凌.基于演化博弈的我国高能耗企业节能减排政策分析[J].财经问题研究,2012 (4):75-82.

[97] 王文宾.演化博弈论研究的现状与展望[J].统计与决策,2009(3):158-161.

[98] 王艳丽,都继萌,王帆.电商B2C模式下长尾理论的应用探索[J].商业经济研究,2017(17): 66-68.

[99] 吴洁,车晓静,盛永祥,等.基于三方演化博弈的政产学研协同创新机制研究[J].中国管理科学, 2019,27(1):162-173.

[100] 吴丽,王佳莹,张肖会.江苏省科技报告工作面临的问题及建议[J].科技风,2018(16): 222-223.

[101] 吴蓉,顾立平,曾燕.英国科技报告制度调研与分析——支持科技报告存储与传播的政策环境 [J].图书情报工作,2015,59(21):76-82+95.

[102] 熊三炉.关于构建我国科技报告体系的探讨[J].情报科学,2008(1):150-155.

[103] 许燕,张爱霞,麻思蓓.科技报告服务中的知识产权平衡机制[J].科技管理研究,2018,38(3): 193-197.

[104] 许燕,杜薇薇.欧盟科技报告的政策与管理[J].科技管理研究,2016,36(19):45-51.

[105] 荀玥婷,乔振,高巍,等.我国科技报告政策现状[J].科技管理研究,2017,37(19):47-52.

[106] 杨文祥,王秀亮,夏跃军.文献信息资源共建共享的历史回顾与现实任务[J].大学图书馆学报, 2000(2):31-3.

[107] 易余胤,刘汉民.经济研究中的演化博弈理论[J].商业经济与管理,2005(8):8-13.

[108] 易余胤,肖条军,盛昭瀚.合作研发中机会主义行为的演化博弈分析[J].管理科学学报,2005 (4):80-87.

[109] 应向伟.科技报告服务模式及在科技管理中的探索研究[J].科技管理研究,2018,38(2):34-38.

[110] 余丁.数字时代图书的长尾分析与运作[J].编辑之友,2016(4):27-30.

[111] 喻丽.图书馆资源共享研究现状分析及思考[J].图书馆工作与研究,2015(3):4-8.

[112] 曾建勋.基层科技报告体系建设研究[J].情报学报,2014,33(8):800-806.

[113] 曾丽萍.核科技报告的标引[J].四川图书馆学报,2005(1):54-56.

[114] 曾智洪,李锐."二八"与"长尾":中国电信运营商的战略营销——以中国移动M市公司为例 [J].重庆科技学院学报(社会科学版),2012(12):82-85.

[115] 张爱霞.美国能源部科技报告管理和服务现状分析[J].图书情报工作,2007(1):89-92.

[116] 张典耀,郭子云.谈谈航天科技报告的管理工作[J].航天工业管理,1993(3):10-13.

[117] 张红萍.基于长尾理论的文献资源建设和服务[J].图书馆理论与实践,2011(8):82-83+87.

[118] 张华.长尾理论在商业银行客户关系管理中的应用探讨[J].海南金融,2012(3):67-69.

[119] 张甲,胡小菁.读者决策的图书馆藏书采购——藏书建设2.0版[J].中国图书馆学报,2011, 37(2):36-39.

[120] 张军亮.生物和医药技术领域知识生产分析:基于"863计划"科技报告[J].情报杂志,2015, 34(1):67-71.

[121] 张铣清.对发展中国科技报告工作的探讨[J].中国科技论坛,1995(6):35-38.

[122] 张哲.PDA背景下高校图书馆文献资源建设研究[J].图书馆研究与工作,2021(9):62-66.

[123] 赵俊杰. 美国科技报告体系建设概况[J]. 全球科技经济瞭望, 2013, 28(3): 1-7.

[124] 赵梓晨. 科技报告撰写质量控制研究[J]. 江苏科技信息, 2015, (25): 76-78.

[125] 郑彦宁, 许晓阳, 刘志辉. 基于关键词共现的研究前沿识别方法研究[J]. 图书情报工作, 2016, 60(4): 85-92.

[126] 中国国家标准化管理委员会. GB/T 7713.3-2014, 科技报告编写规则[S]. 北京: 中国标准出版社, 2014.

[127] 中国新闻网. 湖南新材料产业总量规模位居全国第一方阵[EB/OL]. (2021-12-06)[2022-04-15]. http://www.chinanews.com.cn/cj/2021/12-06/9623754.shtml.

[128] 中华人民共和国国务院. "十三五"国家科技创新规划[Z]. 2016-7-28.

[129] 钟凯, 宋立荣. 美国科技报告质量法规制度及对我国的启示[J]. 中国科技资源导刊, 2017, 49(2): 12-17+101.

[130] 周萍, 刘海航. 欧盟科技报告管理体系初探[J]. 世界科技研究与发展, 2007(4): 94-100+89.

[131] 周育忠, 宋立荣. 提升我国科技报告质量管理的对策研究[J]. 情报杂志, 2019, 38(12): 169-177.

[132] 朱丽波, 裴雷, 孙建军. 科技报告质量评价指标体系研究[J]. 图书情报工作, 2015, 59(23): 80-84.

[133] 朱丽波. 科技报告质量控制与评价研究[D]. 南京: 南京大学, 2016: 57.

[134] 朱锁玲, 唐惠燕, 倪峰, 等. 大数据时代我国文献计量应用研究现状及对策[J]. 情报科学, 2016, 34(8): 116-121.

[135] 诸玲珍. 湖南: 聚焦"3+3+2"现代产业体系 打造先进制造业集群[N]. 中国电子报, 2022-03-29(002).

[136] 邹大挺, 沈玉兰, 张爱霞. 关于建设中国科技报告体系的思考[J]. 情报学报, 2005(2): 131-135.

图书在版编目（CIP）数据

地方科技报告制度建设研究与实践 / 王辉，黄晓林
著. --长沙：中南大学出版社，2024.12.
　　ISBN 978-7-5487-6144-0

　　Ⅰ. G321

中国国家版本馆 CIP 数据核字第 20246U82Q4 号

地方科技报告制度建设研究与实践
DIFANG KEJI BAOGAO ZHIDU JIANSHE YANJIU YU SHIJIAN

王辉　黄晓林　著

□出 版 人	林绵优	
□责任编辑	刘锦伟	
□责任印制	唐　曦	
□出版发行	中南大学出版社	
	社址：长沙市麓山南路	邮编：410083
	发行科电话：0731-88876770	传真：0731-88710482
□印　　装	湖南省众鑫印务有限公司	

□开　　本	787 mm×1092 mm　1/16	□印张 11.5	□字数 281 千字
□版　　次	2024 年 12 月第 1 版	□印次 2024 年 12 月第 1 次印刷	
□书　　号	ISBN 978-7-5487-6144-0		
□定　　价	69.00 元		